"十二五"职业教育国家规划立项教材

新编全国旅游中等职业教育系列教材

茶 艺 服 务

CHAYIFUWU

吴浩宏◎主　编

陈丽敏◎副主编

U0241875

北京·旅游教育出版社

责任编辑：果凤双

图书在版编目（CIP）数据

茶艺服务 / 吴浩宏主编. --北京：旅游教育出版
社，2017.5

新编全国旅游中等职业教育系列教材

ISBN 978-7-5637-3570-9

Ⅰ．①茶… Ⅱ．①吴… Ⅲ．①茶文化－中国－中等专
业学校－教材 Ⅳ．①TS971.21

中国版本图书馆CIP数据核字(2017)第110288号

新编全国旅游中等职业教育系列教材

茶艺服务

吴浩宏　主编　　陈丽敏　副主编

出版单位	旅游教育出版社
地　　址	北京市朝阳区定福庄南里1号
邮　　编	100024
发行电话	（010）65778403　65728372　65767462（传真）
本社网址	www.tepcb.com
E-mail	tepfx@163.com
排版单位	北京旅教文化传播有限公司
印刷单位	北京泰锐印刷有限责任公司
经销单位	新华书店
开　　本	710毫米×1000毫米　1/16
印　　张	16.25
字　　数	253 千字
版　　次	2017 年 5 月第 1 版
印　　次	2017 年 5 月第 1 次印刷
定　　价	30.00 元

（图书如有装订差错请与发行部联系）

国家示范性职业学校数字化资源共建共享计划
"酒店服务与管理专业"课题组成果转化系列教材

编委会

首席顾问：徐国庆

总 主 编：聂海英

副总主编：吴浩宏　董家彪　卿　琳　汪建平
　　　　　　马　英　李禄元　石　磊

序

为深入贯彻落实《国家中长期教育改革和发展规划纲要(2010—2020年)》关于"加快教育信息化进程"的战略部署,按照职业教育改革创新行动计划和《教育部、人力资源社会保障部、财政部关于实施国家中等职业教育改革发展示范学校建设计划的意见》(教职成〔2010〕9号)要求,加快推进职业教育数字校园建设。2011年11月,教育部职成司下发〔2011〕202号文件《关于实施国家示范性职业学校数字化资源共建共享计划的通知》,确定以国家示范性职业学校为引领,实施"国家示范性职业学校数字化资源共建共享计划",促进优质资源共享,提升信息技术支撑职业教育改革创新的能力,着力提高人才培养质量。

2012年1月和2014年3月,重庆市旅游学校通过遴选被教育部确定为酒店服务与管理专业数字资源第一、第二期共建共享项目课题组、协作组组长单位。在两期项目建设过程中,重庆市旅游学校协同广东省旅游职业技术学校、广州市旅游商务职业学校、浙江长兴县职业技术教育中心学校、四川宜宾市职业技术学校、四川什邡市职业中专学校、成都市财贸职业高级中学、沈阳外事服务学校、江西省商务学校和海南三亚高级技工学校等项目副组长学校带领全国25所示范中职学校的98名骨干教师开展本项目的第一、第二期建设。

为确保项目建设质量,课题组确定了"总体设计、专家引领、名师参研、企业参与"的建设思路,特聘请全国职教课程专家华东师范大学职成教研究所副所长徐国庆教授为首席顾问,特邀首批中国饭店业经营管理大师石世珍、广州南沙大酒店总经理杨结、重庆澳维酒店总经理张涛等饭店行业专家全程指导资源库建设与开发。

依据全国旅游职业教育教学指导委员会制定的《中等职业学校高星级饭店运营与管理专业教学标准》(试行),本着"模块化呈现、精细化教学、多样化适应"的开发理念,项目共开发了酒店服务与管理专业9门专业课的网络课程,按照教育部统一技术标准制作了5000余个学习积件,共编写、整理了近40万字的文字资料,制作了80个微课视频、169个高清技术视频和214个演示动画,拍摄整理了6000多张专业图片,完成了420个授课课件、逾万道试题的编辑制作。

为物化项目建设成果,我们联合旅游教育出版社,结合教育部发布的中等职业学校高星级饭店运营与管理专业教学标准,把资源共建共享项目的网络课程成果编写成教材,拟共出版 8 本教材:《客房服务与管理》《餐饮服务与管理》(为与教育部制定的专业教学标准保持一致,将共建共享项目中的中餐与西餐课程合成一本教材出版)、《前厅服务与管理》《饭店礼仪》《饭店专业英语》《饭店产品营销》《茶艺服务》《酒水知识与服务技能》。希望以此惠及更多的学生及广大读者朋友。本系列教材融入了我们一线老师多年积累的教学经验成果,由于水平有限、时间仓促,难免存在不当之处,恳请各位专家、学者及广大读者予以批评指正。

国家级数字化精品课程资源酒店服务与管理专业

(第一期、第二期)课题组组长

聂海英

出版说明

　　结合《现代职业教育体系建设规划(2014—2020年)》的指导意见和《教育部关于"十二五"职业教育教材建设的若干意见》的要求,我社组织旅游职业院校专家和老师编写了"新编全国旅游中等职业教育系列教材"。这是一套体现最新精神的、具有普遍适用性的中职旅游专业规划教材。

　　该系列教材具有如下特点:

　　(1)编写宗旨上:构建了以项目为导向、以工作任务为载体、以职业生涯发展路线为整体脉络的课程体系,重点培养学生的职业能力,使学生获得继续学习的能力,能够考取相关技术等级证书或职业资格证书,为旅游业的繁荣和发展输送学以致用、爱岗敬业、脚踏实地的高素质从业者。

　　(2)体例安排上:严格按教育部公布的《中等职教学校专业教学标准(试行)》中相关专业教学要求,结合中等职业教育规范以及中职学生的认知能力设计体例与结构框架,组织具有丰富教学经验和实际工作经验的专家,按项目教学、任务教学、案例教学等方式设计框架、编写教材。

　　(3)内容组织上:根据各门课程的特点和需要,除了有正文的系统讲解,还设有案例分析、知识拓展、课后练习等延伸内容,便于学生开阔视野,提升实践能力。

　　旅游教育出版社一直以"服务旅游业,推动旅游教育事业的发展"为宗旨,与全国旅游教育专家共同开发了各层次旅游及相关专业教材,得到广大旅游院校师生的好评。在将这套精心打造的教材奉献给广大读者之际,深切地希望广大教师学生能一如既往地支持我们,及时反馈宝贵意见和建议。

旅游教育出版社

前　言

中国古人以茶养廉、以茶养德、以茶怡情。如今，饮茶已成为现代人的一种生活方式和一种文化艺术。随着现代生活水平的提高，传统的茶艺馆以向茶客提供茶艺服务为主要宗旨，而现代茶艺馆既要继承传统，又要开创时尚，成为新兴的茶文化产业，也是休闲产业的一个分支。

面对市场对人才的需求，茶艺服务员的岗位培训显得尤为重要。目前国内有许多有关茶文化的书籍，每本书都有其独到之处。《茶艺服务》是根据中级茶艺师的工作职责、所要掌握的知识、工作能力的要求来设计的，适用于专业教学、职业培训、自学，以及职业考证等。

依据目标定位，本教材从工作任务、知识要求与技能要求三个维度对课程内容进行规划与设计，以使内容更好地与中级茶艺师岗位要求相结合。本书共划分了茶文化介绍、茶的识别、茶的冲泡、茶艺服务展示、茶艺馆日常经营五大模块，知识与技能内容则依据工作任务完成的需要进行确定。本书在编写过程中尤其注意了教材内容的完整性，以及知识与技能的相关性，在对知识与技能的描述上也力求详细、准确。

本书的编写具体分工如下：吴浩宏为主编，负责统稿；陈丽敏为副主编，负责统稿与模块四的编写；管宛嫦负责模块一、模块三的编写；王梦圆负责模块二的编写；黄丹、张鸣秋负责模块五的编写；李薇参与部分模块四的编写；麦振枝完成茶艺英语的整编工作。

本书在编写过程中参考和引用了许多国内外专业书籍与理论，在编写过程中得到了行业专家的大力支持，在此深表谢意。

2017 年 2 月

目　录

模块一 茶文化介绍

茶文化源远流长，博大精深，富有中国文化意蕴，具有鲜明的中国文化特征。本模块包括中国茶文化历史介绍、中国饮茶方式介绍两个单元。通过本模块的学习，要求熟悉茶文化和茶叶发展的历史，掌握中国茶艺及饮茶方式的历史演变等知识，奠定茶艺入门的基础。

项目1 中国茶文化历史介绍

远古时代，山峦苍翠，山林之中，五谷和杂草长在一起，药物和百花开在一起，哪些粮食可以吃，哪些草药可以治病，谁也分不清。

神农氏跋山涉水，遍尝百草，为黎民百姓寻找可以充饥的五谷和医病的草药。有一天，他尝了多种毒草，头昏目眩，大家连忙把他抬到溪边的一棵树下休息。清风穿过树梢，数片叶子随风而落，恰好飘进正在煮水的釜锅中，叶子在锅中翻滚，水色渐渐变得微黄，散发出特别的芬芳。大家舀起锅中的水，喂神农氏喝下。神农氏顿觉神清气爽，通体舒畅。于是，他判断这种树叶是一种药物。人类与茶，从此结下了不解之缘。

"神农尝百草，日遇七十二毒，得茶乃解"，是关于中国茶文化起源较为普遍的说法。中国是茶的故乡，历史的长卷展开，是品不完的千年茶韵。中国是发现与利用茶叶最早的国家，至今已有数千年的历史，在人类文明与进步的历史上，书写了光辉灿烂的篇章。

任务1　中国茶文化发展历史

学习目标

• 能描述茶文化的特性。

• 能描述茶文化发展的历史。

任务准备

1. 以小组为单位，搜集整理中国茶文化发展的相关资料并制作课件。

2. 完成《中国茶文化发展历史表》。

相关知识

一、茶文化概述

茶文化是以茶为载体而产生的物质、精神、心理、风俗和休闲的现象。茶文化历史悠久，内涵丰富，独具特色，久经历史变迁而始终兴盛不衰。茶文化体系主要包括：茶文化史学，茶文化社会学，茶文化交流学，茶文化功能学。

二、茶文化的特性

（1）历史性：茶文化的形成和发展历史非常悠久，伴随商品经济的出现和城市文化的形成而孕育诞生。茶文化注重意识形态，融入了儒家、道家和释家的哲学意蕴，以雅为主，结合了诗词书画、品茗歌舞等艺术形式，并演变为各民族的礼俗，成为独具特色的一种文化模式。

（2）民族性：民族茶饮方式各有特色，各民族丰富多样的茶俗，充分体现了茶文化的民族性。

（3）时代性：漫长的历史发展过程中，在不同的阶段，茶文化的发展呈现出不同的时代特色。

（4）区域性：名山、名水、名人、名茶和名胜古迹，孕育出各具特色的地区茶文化。

（5）国际性：中华茶文化传出国外，与国际文化相融合，演变出日本茶道、韩国茶礼、英国茶文化、俄罗斯茶文化和摩洛哥茶文化等。

三、中国茶文化发展历史简介

（1）原始阶段：我国食用茶叶的历史可以追溯到旧石器时代，人们发现茶叶有解毒的功能，就把它作为药物熬成汤汁来喝。

（2）启蒙阶段：两汉至三国之前，是茶文化的启蒙阶段，当时人们更注重茶的保健功效。

（3）萌芽阶段：茶文化逐步形成。西晋文人杜育专门写了一篇歌颂茶叶的《荈赋》，提到饮茶具有调节精神、谐和内心的功效，这是我国历史上第一首正面描写品茶活动的诗赋。

（4）发展阶段："茶兴于唐"，780 年陆羽著《茶经》，是唐代茶文化形成的标志。《茶经》概括了茶的自然和人文科学，探讨了饮茶艺术，首创中国茶道精神，是中国茶文化发展历程中的一座里程碑。

（5）兴盛阶段："茶盛于宋"，宋代是历史上茶饮活动最活跃的时代。宋代茶仪已成礼制，宋代文人中出现专业品茶社团；斗茶之风遍及全国，进一步拓宽了茶文化的社会层面和文化形式。

（6）鼎盛阶段：明清时期，精细的茶文化再次出现，茶馆文化发展成熟。品茶被文人雅士们提升为高雅艺术，品茶进入"超然物外"的境界。

（7）随着时代的演替，中国传统的品茗艺术与时俱进，成为一种更为人性化、生活化和艺术化的品茶方式，简称为"茶艺"。"茶艺"是泡茶的技艺和品茶的艺术，是茶文化的核心。

【体验园】

以小组为单位，收集一个关于中国茶文化的视频，从介绍茶文化发展过程的角度与同学们分享。

知识拓展

茶艺有广义和狭义之分。广义的茶艺指研究茶叶的生产、制作、经营、饮用的方法和探讨茶叶的原理、原则，以达到物质和精神全面满足的学问。凡是有关茶叶的产、制、销、用等一系列过程，都属于茶艺的范围。狭义的茶艺指研究如何泡好一壶茶及如何享受一杯茶的艺术。

任务2　为宾客讲述中国各朝代的茶艺历史演变

学习目标

●能以朝代为线索向宾客讲述中国茶艺的历史演变。

任务准备

1. 前置任务：

（1）请收集各朝代服饰、茶具的资料，制作相关PPT（在课堂上进行展示）。

（2）收集各朝代茶艺表演的视频（在课堂进行展示，挑选个别小组进行综合介绍）。

2. 安全小提示：

（1）茶具无破损。

（2）茶叶新鲜。

（3）操作时，注意用电安全；随手泡摆放在不易碰撞之处，保证电源线板通电安全。

（4）使用炭炉时需要注意明火安全。

（5）音响设备运转正常，无杂音。

相关知识

　　茶艺，是随着时代的变迁而与时俱进的一种人性化、生活化和艺术化的品茶方式，也有人称其为茶道、茶礼。茶艺（道）是中国历史文化名人在长期的饮茶实践过程中，根据茶的特性，以及与饮茶紧密相关的饮茶环境、茶具配置、冲泡技能、品饮艺术，结合地方风俗与文化特点总结出来的一套饮茶礼法——它代表了主人对茶基本精神的理解或主客之间的一种亲和与敬重。

　　随着社会的发展，茶艺与人类生活的结合日益密切，成为人类交往和经济发展的载体之一，在中国茶文化历史上占有重要的地位。

　　本任务将以朝代为主线，体现茶艺演变的过程。

一、服务标准

（1）形象端庄，服饰得体，表情自然。

（2）动作、手势、站立姿势大方得体。

（3）能配合适当的背景音乐并进行有节奏的表演。

（4）操作手法顺畅，过程完整，展示不同历史时期茶艺的特点。

（5）讲述条理清晰，表达流畅，内容充实。

（6）音量适中，语调柔和。

（7）环境布置能反映各种朝代的文化气息。

二、各朝代茶艺演变

1.汉代茶艺介绍

（1）服饰：汉代服饰。

（2）环境布置：雅致大方，例如配备古琴、竹屏风等。

（3）操作程序：

①燃炉煮水：置炭燃炉、煮水。

②捣茶（图1-1）：将炙烤后的茶饼捣碎。

图1-1　汉代茶艺　仿汉代茶艺·捣茶

③置茶入鼎：将捣碎的茶叶投入鼎中，加入葱、姜、橘皮等调味品，用小火烹煮。

④分茶入盏：将煮好的茶汤分至茶盏中。

⑤奉茶、品饮。

2.宋代茶艺介绍

（1）服饰：宋代服饰。

（2）环境布置：雅致宁静，如配备古筝、书画、焚香、插花等。

（3）操作程序：

①炙茶：炙烤茶饼，激发其香。

②碾茶：将烤好的茶饼碾碎。

③筛茶：又称"罗茶"，即将碾好的茶末置入茶罗中，筛选出更精细的茶粉。

④置茶入盏：取适量筛好的茶粉，投入茶盏中。

⑤调膏（图1-2）：往盏中注入少量沸水，用茶筅将茶粉调成糊状。

图1-2　宋代茶艺　仿宋代点茶·调膏

⑥击拂：再次向盏中注入沸水，与此同时用茶筅搅动，反复击打，使之产生泡沫（称为汤花）；使茶末上浮，形成粥面。

⑦奉茶。

3.清代茶艺介绍

（1）服饰：清代服饰。

（2）环境布置：雅致简洁，如配备字画、花等。

（3）操作程序：

①赏茶。

②置茶：将茶叶投入盖碗中。

③注水：往盖碗中注入开水；润茶、冲泡。

④奉茶（图1-3）。

⑤品饮。

图1-3　清代茶艺　仿清代茶艺·奉茶

【体验园】

以小组为单位，制作一辑古代茶艺视频，并收集至少三位亲朋好友的观后感，在课堂上进行汇报展示。

思考与实践

1. 各个历史时期的茶艺有哪些发展变化？为什么会产生这些变化？
2. 宋代茶道"四艺"指什么？

任务评分资料库

茶艺发展介绍评价表

序号	测试内容	测评标准	评价结果			
			优	良	合格	不合格
1	中国茶艺发展讲述	（1）形象端庄，服饰得体，表情自然。				
		（2）动作、手势、站立姿势大方得体。				
		（3）能配合适当的背景音乐并进行操作。				
		（4）操作手法顺畅，过程完整，展示不同历史时期的茶艺及饮茶方式的特点。				
		（5）讲述内容充实，生动形象。				
		（6）条理清晰，表达流畅。				
		（7）语音标准，语速适中，语调柔和。				
2	收具	茶具清洗干净，并归位。				

项目2 中国饮茶方式介绍

　　小方刚刚应聘为成都某茶馆的茶艺师。这天，一位客人喝了几口茶后，将茶碗盖朝里放在茶托一侧；过了一会儿，客人又将碗盖向外靠着茶托，摆成喇叭状。小方看见后觉得有点奇怪，客人为什么将茶碗盖摆来摆去呢？但她依然安静地站在一旁。没想到此时客人生气了，并向主管投诉："你们是怎么服务的啊？怎么没人过来掺茶呢？"小方很委屈："客人并没有提出要求啊！"

　　客人真的没有提出要求吗？

　　其实，川人"泡"惯了茶馆，通过摆弄手中的盖碗茶具，传达不同的"盖碗茶语"。盖碗茶盖的放法是十分讲究的：茶盖放在茶托一侧且朝里，代表要掺茶；茶盖倒置放在桌子上，代表晾茶；将其严严实实盖起，代表"请勿打扰"；将茶盖罩在桌上，表示要买单了；茶盖靠着茶托且向外如喇叭状，是呼唤堂倌的信号……

　　看来，了解一定的茶叶和饮茶方式的相关知识，才能为客人提供优质的服务。

任务1 中国茶叶发展历史

学习目标

• 能描述中国茶的发展与传播的历史。
• 能描述中国茶叶传播的线路。

任务准备

1. 以小组为单位，搜集整理中国茶叶发展的相关资料并制作课件。

2. 完成《中国茶叶发展历史表》《茶叶在国内的传播状况表》《茶叶在国外的传播状况表》。

相关知识

一、中国茶叶发展历史

中国是世界上最早发现和利用茶树的国家。《神农本草经》:"神农尝百草,日遇七十二毒,得茶乃解。"可见,远古时期,老百姓就已经发现并利用茶树了。

（1）春秋战国后期,陕西、河南成为我国最古老的北方茶区之一。

（2）秦汉时期,茶叶的简单加工已经开始出现。用木棒将鲜叶捣成饼状茶团,再晒干或烘干以存放。茶叶不仅是日常生活中的解毒药品,还是待客之食品。西汉时,茶已是宫廷及官宦人家的一种高雅消遣。

（3）三国、两晋、南北朝时期,茶叶生产质量进一步提高。同时,因佛教提倡坐禅,而饮茶有安神之效,于是茶叶与佛教结缘。

（4）唐宋时期,是我国茶叶发展史上的高峰。以武夷山茶采制而成的蒸青团茶极负盛名。图1-4为龙凤团茶。

图1-4　龙凤团茶（宋）

（5）元朝制茶技术不断提高,具有地方特色的茗茶,在当时被视为珍品。

（6）自清代起,中国茶叶生产蓬勃发展。至21世纪,茶已成为绿色健康的世界主流饮料,缔造新的生活理念。

二、茶的传播

中国茶叶,最初兴于巴蜀,其后向东部和南部逐次传播,逐渐遍及全国。到了唐代,又传至日本和朝鲜,16世纪后传入西方。茶的传播分为国内和国外两条线路。

（1）茶向国内的传播：先秦两汉时期，巴蜀是中国茶叶兴起的摇篮，最早的茶叶集散中心已形成；三国西晋时期，长江中游或华中地区取代巴蜀成为茶叶集散中心；至东晋、南朝，茶叶发展向长江下游和东南沿海推进；唐代，茶叶发展重心东移的趋势更加明显，制茶技术也达到了当时的最高水平；宋代，福建建安成为中国团茶、饼茶制作的主要技术中心；明清以后，各种茶类兴起。

（2）茶向国外的传播：当今世界广泛流传的种茶、制茶和饮茶习俗，皆源于中国。约公元5世纪（南北朝），中国茶叶开始陆续输出至东南亚邻国及亚洲其他地区；公元6世纪下半叶，随着佛教僧侣的相互往来，茶叶首先传入朝鲜半岛；唐宋时期，中国茶叶传至日本；15世纪初，茶叶传至西方。

【体验园】

以小组为单位，收集一个关于茶叶的视频，从介绍中国茶叶发展的角度与同学们分享。

知识拓展

世界各国对茶的称谓，大多是中国茶叶输出地区"茶"的音译。如日语的"ちゃ"，读音与"茶"的原音接近。俄语的"чай"与我国北方"茶"的发音相近。英语的"tea"、法语的"thé"、德语的"tee"也是根据我国广东、福建沿海地区"茶"的发音转译的。

任务2　中国各朝代的饮茶方式演变

学习目标

● 能以朝代为线索向宾客讲述中国饮茶方式的演变。

任务准备

1. 前置任务：
收集各朝代饮茶方式的资料，制作相关PPT（在课堂上进行展示）。

2. 安全小提示：

（1）茶具无破损。

（2）茶叶新鲜。

（3）操作时，注意用电安全；随手泡摆放在不易碰撞之处，电源线板通电安全。

（4）使用炭炉时需要注意明火安全。

（5）音响设备运转正常，无杂音。

相关知识

人类食用茶叶的方式大体上经过吃、喝、饮、品四个阶段。随着时代的发展，茶的饮用方法经过多次的改良变革。

三国时魏国张辑（230年前后）的《广雅》记载："荆巴间采叶作饼。叶老者，饼成以米膏出之。欲煮茗饮，先炙令赤色，捣末置瓷器中，以汤浇覆之，用葱、姜、橘子芼（掺和之意）之。其饮醒酒，令人不眠。"根据这段文字，可知茶叶是作为醒酒的饮料饮用的。而"欲煮茗饮"说明当时饮茶方法是"煮"，这种方法一直延续到唐代，只是更加讲究，自宋代以后又不断发生变化。

大体而言，我国饮茶方法先后经过煎饮、羹饮、煮茶、点茶、泡茶以及罐装饮法等几个阶段。

下面将以朝代为主线，体现饮茶方式演变的过程。

一、服务标准

（1）形象端庄，服饰得体，表情自然。

（2）动作、手势、站立姿势端正大方。

（3）能配合适当的背景音乐并进行有节奏的表演。

（4）操作手法顺畅，过程完整，展示不同历史时期饮茶方式的特点。

（5）讲述条理清晰，表达流畅，内容充实。

（6）语音标准，语速适中，音量适中，语调柔和，有感染力。

（7）茶桌布置能反映各种朝代的茶文化气息。

二、体验流程

1. 向宾客讲述中国饮茶方式的演变

（1）煎饮法：原始部落时期，当人们发现，茶不仅可以食用，还能祛热解渴、兴奋神经、能医治多种疾病时，便开始将茶叶用水熬煮饮用。煎茶汁治病，这是饮茶的第一个阶段。

（2）羹饮法：煮茶时，加粟米及调味的作料，煮呈粥状；煮茶、饮茶的器具则多与食具混用。

（3）煮茶法：出现于三国时期，流行于唐代。成熟的煮饮法涉及采茶、制茶、贮茶、烹茶、饮茶等复杂程序，茶具繁多，分工具体，使用讲究。

（4）点茶法：宋代盛行点茶法，是将碾成细末的茶粉用沸水充点搅拌，形成丰富的泡沫后饮用其沫浡的饮茶方式。

（5）泡饮法：以全叶冲泡（散茶泡饮法）为主。

（6）罐装饮法：与传统饮茶方式并存，是工业化的产品，与传统手工产品形态的茶叶有着质的区别，包括袋泡茶、速溶茶、浓缩茶、罐装茶。

2. 春秋时期的饮茶方式

羹饮法（图1-5）。加入粟米等作料，煮呈粥状；可采用食具作器具。

图1-5　羹饮法

3. 唐代饮茶方式

煮（煎）茶法。基本程式为：炙茶、碾茶、罗茶、投茶、烹茶、奉茶、品饮。

4. 宋代饮茶方式

点茶法。基本程式为：炙茶、碾茶、罗茶、投茶、注水、点茶、奉茶、品饮。

5. 明清时期饮茶方式

泡饮法。以铁观音的盖碗泡饮法为例，基本程式为：备具、备茶、温壶、温杯、投茶、润茶、冲泡、分茶、奉茶等。

【体验园】

以小组为单位，制作一辑饮茶方式介绍的视频，在课堂上进行汇报展示。

思考与实践

1.各个历史时期的饮茶方式有哪些发展变化？为什么会发生这些变化？

2.不同民族、地区的饮茶方式各有哪些特点？

任务评分资料库

饮茶方式介绍技能评判表

序号	内容	技能标准	评价结果			
			优	良	合格	不合格
1	讲述效果	（1）内容充实，生动形象。				
		（2）条理清晰，表达流畅。				
		（3）语音标准，语速适中，语调柔和。				
2	讲述各朝代饮茶方式	（1）形象端庄，服饰得体，表情自然。				
		（2）动作、手势、站立姿势端正大方。				
		（3）能配合适当的背景音乐并进行有节奏的表演。				
		（4）操作手法顺畅，过程完整，展示不同历史时期饮茶方式的特点。				
		（5）讲述音量适中，语调抑扬顿挫，有感染力。				
3	收具	茶具清洗干净，并归位。				

模块小结

　　本模块主要是从技能的角度，阐述中国茶文化发展历史及中国茶叶发展史，为宾客讲述中国各朝代的茶艺历史及饮茶方式演变。通过本单元学习，要求熟悉茶文化的概念、茶叶发展的历史，能够描述茶文化的特性及茶叶传播的线路，并能独立讲述中国各朝代的茶艺历史演变和饮茶方式的演变。

综合实操训练

讲述宋代点茶茶艺

一、实训目标

能根据主题，选择建窑茶盏为主泡器，为宾客讲述宋代点茶茶艺。

二、实训内容

（1）能够配合适当的背景音乐进行有节奏的操作。

（2）能根据主题，向宾客讲述宋代点茶茶艺，讲述时做到条理清晰，表达流畅，音量适中，语调抑扬顿挫，有感染力。

三、实训准备（材料、工具、人的准备等）

（1）仿真茶艺馆实训场地或舞台。

（2）茶艺师化妆用器及服饰。

（3）茶具准备。

①主泡器：建窑茶盏；

②辅助用具：茶炉、茶铃、茶碾、茶罗、茶帚、水杓、汤瓶、茶盏、茶托、茶筅、茶巾；

③茶饼及茶粉：茶饼、绿茶茶粉；

④多媒体教具，包括手提电脑、音箱、投影仪、摄像机等；

⑤宋代点茶茶艺操作评价表。

四、实训组织

（1）组织学习小组。将学生分为3~5人一组，一人担任组长，各组员分工完成以下报告表。在此模块中，组内学生进行交流和合作。

小组分工表

活动时间：	
组长：	组内成员：
资料收集方式：	
任务分工情况：	
报告内容：	

报告小组：

（2）提供多媒体教室用于课程的资料收集。

（3）课前准备中，教师必须指导学生准备好专业茶室的布置；准备评价标准，向学生讲解评分重点；准备实训设备，如茶具、茶饼、茶粉、多媒体设备等。

（4）课内组织学生观看宋代点茶的图片及视频，使学生了解宋代点茶茶艺；引导学生具体地讲述主题，选择背景音乐；组织学生选择讲述时的服饰；再引导学生根据讲述的主题，布置茶桌和器具；引导学生根据主题，编写宋代点茶茶艺的解说词；向学生讲解实训操作的流程与要注意的问题，如服务要求等；能根据宾客的需求，向宾客讲述宋代的点茶茶艺。

五、实训过程

序号	实训项目	问题思考	完成情况记录	时间
1	选择背景音乐	展示点茶法时，应该选取什么音乐？		15 分钟
2	选择服饰	宋朝的女子应该穿什么服装？男子呢？		15 分钟
3	茶桌布置	宋代点茶需要哪些器具？		45 分钟
4	编写解说词	宋代点茶的操作过程是怎样的？		30 分钟
5	讲述练习	在为宾客讲述的过程中，需要重点讲述哪方面的内容？		75 分钟
6	为宾客讲述点茶法	操作的过程与讲述是否能够同步？对小组的讲述进行拍摄和评价。		45 分钟

六、实训小结

通过本次实训，我学到了：

_____

_____

_____

_____

模块二　茶的识别

模块简介

　　茶的识别包括茶叶分类和茶叶感官审评两个部分。其中，茶叶分类的方法是茶叶识别的基础，感官审评技巧是茶叶识别的提升。本模块包括茶叶分类、为宾客介绍乌龙茶特点、为宾客介绍绿茶特点、为宾客介绍红茶特点、茶叶感官审评标准、绿茶品鉴、黄茶品鉴、白茶品鉴、红茶品鉴、乌龙茶品鉴等单元。通过本模块的学习，能描述茶叶分类的依据与制作流程，能熟悉茶叶感官审评的标准，能根据茶叶感官审评的程序，辨别出各类基茶与其品质，并且能运用专业的感官审评术语向宾客介绍茶品。

项目1　茶叶分类

情境引入

　　阳光明媚的下午，一群客人来到装修优雅宁静的"旅游商务"茶艺馆喝茶。"旅游商务"是一家兼顾教学与经营的校企茶艺馆。星期一至星期五以上课教学为主，周末则以经营为主。古色古香的茶艺馆储茶柜中存放着各式各样的茶样、茶版。店长正在对新进的茶艺师进行识茶培训。客人们看到如此多的茶叶样板，也都好奇地围过来，七嘴八舌地讨论着如何分辨茶叶的种类。店长见到此情景，决定让资深茶艺师为客人介绍分辨茶叶种类的方法，同时为客人介绍绿茶、红茶和乌龙茶等茶种的特点。客人们在愉快的氛围下结束了旅游商务茶艺馆的学茶、品茶、识茶的"旅程"，大家对"旅游商务"茶艺馆留下了深刻的印象。

任务 1　茶叶的分类

学习目标

- 能描述茶叶的分类和分类依据。
- 能描述不发酵茶、半发酵茶和全发酵茶的制作流程。

任务准备

1. 请准备多个茶版。
2. 请准备茶叶分布地图。

相关知识

一、茶叶分类的依据

随着茶叶行业的发展，业界对于茶叶的分类也有所改变。目前，茶主要可以按四种方法分类：按茶的颜色分类、按茶叶的发酵程度分类、按采茶的季节不同分类、按产地的不同分类。

二、茶叶分类的依据举例

（1）按茶的颜色分类的茶品：使茶叶茶汤产生不同色泽的主要原因是茶叶中的茶多酚含量有所改变。依据制茶中茶多酚的氧化程度由浅入深将茶叶归纳为六大基础茶叶，即为红茶、黑茶、白茶、黄茶、绿茶和乌龙茶。

（2）按茶叶的发酵程度分类的茶品：分为不发酵茶、半发酵茶和全发酵茶，如不发酵类的龙井茶，半发酵类的乌龙茶和全发酵的工夫红茶等。

（3）按采茶的季节分类的茶品：分为春茶、秋茶、冬茶。

（4）按产地的不同分类的茶品：以茶的产地取名，如杭州西湖龙井茶、福建武夷岩茶、祁门红茶、霍山黄芽等。

三、各茶类的制作流程

（1）不发酵茶的制作流程：通过"杀青—炒青—揉捻—干燥"，最后制作成龙井茶。

（2）半发酵茶：通过"杀青—日光萎凋（热风萎凋）—室内萎凋及搅拌（进行部分发酵）—发酵程度50%"，最后制作成铁观音茶。

（3）全发酵茶；通过"杀青—室内萎凋—揉捻—解块—补足发酵—干燥"，最后制作成工夫红茶。

四、茶叶的制作方法

（1）杀青：大多采用锅炒杀青。杀青时必须闷抖结合，使茶叶失水均匀，达到杀匀、杀透的目的。

（2）揉捻：是将叶细胞揉破，使得茶叶所含的成分在冲泡时容易溶入茶汤中，要根据原料老嫩灵活掌握。嫩叶轻揉，揉时短；老叶重揉，揉时长，揉至基本成条适度。

（3）萎凋：又叫"萎雕"，分为日光萎凋和室内萎凋。将采下的鲜叶按一定厚度摊放，通过晾晒，使鲜叶呈现萎蔫状态。制茶在萎凋过程中，鲜叶发生一系列变化：水分减少，叶片由脆硬变得柔软，便于揉捻成条。

（4）发酵：又称"渥红"，是制作红茶的关键。

（5）干燥：有烘干和炒干两种方法。

（6）晒干：利用日光，薄摊晒干，晒至茶叶含水量的10%左右。没有阳光也可以烘干，烘干的茶叶，品质优于晒干。晒干的茶叶可以作为紧压茶。

（7）渥堆：是黑茶加工特有的工序。先将茶叶摊匀，再泼水使茶叶吸水变潮，然后把茶叶渥成一定厚度，让其自然发酵。经过若干天堆积发酵后，茶叶色泽变褐，有特殊陈香味，滋味变得浓而醇和。

（8）干燥：渥堆达到适度以后扒堆晾茶，散发水分，自然风干。

（9）筛分：干燥以后的茶叶，先解决团块，茶叶松散成条后，进行筛分分档，便制成普洱散茶。

【体验园】

以小组为单位，收集一个或两个茶种，然后按照课本的识茶技巧对茶叶的名字进行识别，最后与同学分享心得。

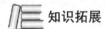 **知识拓展**

"渥堆"决定普洱茶口感

生茶和熟茶是工艺截然不同的两种普洱茶，并非像某些人宣传的"生茶存放一定时间后便可转化为熟茶"。是否经过"渥堆"这道工序是生茶和熟茶最大的区别。在熟普的制作过程中，"渥堆"工序是决定质量优劣的关键。每次取用青毛茶十吨左右为一"渥堆"单位，潮水量（洒水）视季节、茶箐级数与发酵度而定，通常是茶量的 1~50%，毛茶堆高度在 1 米左右。茶堆内部温度不可过高，视制作当地的温湿度与通风情况来进行翻堆，使茶菁充分均匀发酵，若堆心温度过高会导致焦心现象，即茶叶完全变黑。经多次翻堆后，茶菁含水量接近正常时，便不再继续发热。整个渥堆工序时间视所需发酵度状况不同而异，一般传统做法需要 4~6 周。近几年有厂家为减轻堆味、增加口感而改良工艺，低温、少量多次潮水、长时间发酵，已将"渥堆"时间增长至 8~12 周。

任务2　为宾客介绍乌龙茶的特点

学习目标

- 能根据乌龙茶的外形颜色等特点辨别乌龙茶。
- 能详尽地为宾客介绍乌龙茶的特点。

任务准备

1.前置任务：
（1）请收集 1~2 个关于乌龙的故事。
（2）请查询什么茶叶属于乌龙茶类，并带上少许茶样回来与组员讨论。
2.安全小提示：
（1）室内（此处指仿真茶艺馆，见图 2-1）需保持整洁、明亮、无异味。
（2）茶艺师要穿戴整齐。
（3）随手泡装水七分满，以防止沸水溢出烫伤或造成电源线板短路。
（4）茶叶需新鲜。
（5）为宾客介绍茶叶特点时声音不应该过大。

相关知识

乌龙茶属半发酵茶类，冲泡后叶片中间呈绿色，叶缘呈红色，素有"绿叶红镶边"之美称。乌龙茶外形紧结重实、香气馥郁、汤色金黄、滋味醇厚等品质特征主要是在晒青和摇青的过程中形成的。

安溪铁观音、凤凰单丛、台湾冻顶乌龙茶是大众消费者较为熟悉的乌龙茶类。为了表现乌龙茶特点，本次任务选用冲泡安溪铁观音、凤凰单丛、台湾冻顶乌龙茶三种茶，让宾客体验乌龙茶的魅力所在。

图 2-1　仿真茶艺馆内景

以下是向宾客介绍乌龙茶特点的步骤与标准。

一、步骤

（1）介绍茶叶的产地。

（2）介绍三种茶叶的外形与色泽。

（3）邀请宾客共同热嗅香气。

（4）介绍茶汤。

（5）引导宾客品尝。

（6）介绍叶底。

（7）欢送宾客，收拾器具。

二、操作方法与说明

（1）布置好茶桌，将茶具摆放好。

（2）将宾客引领入位，然后将茶罐放在茶台上，向宾客展示标签。

（3）茶艺师将干茶从茶罐倒入茶荷中，茶巾置于器皿旁。

（4）茶艺师将三个茶荷并列在一起，向宾客介绍每一款茶的外形、整碎、条索的特点，同时向宾客介绍对比茶叶的方法。

（5）茶艺师将茶荷中的乌龙茶干茶置入紫砂壶，接着倒入沸水，对茶叶进行冲泡。

（6）茶艺师将紫砂壶中的盖子微微翘起呈半开状，递给宾客，让宾客领略独有的乌龙茶香气特点：香味馥郁、回甘悠久。

（7）向宾客介绍分辨茶香的方法。

（8）茶艺师将紫砂壶中的乌龙茶茶汤，倒入公道杯，然后倒入宾客的品茗杯。

（9）茶艺师手捧茶杯，向宾客介绍乌龙茶的汤色特点：金黄橙红如琥珀，清澈明亮。

（10）引导宾客分辨茶汤汤色。

（11）茶艺师为宾客示范分三口品茗茶汤的方法。

（12）向宾客介绍乌龙茶的独特滋味：醇厚、鲜爽、回甘。

（13）引导宾客分辨不同茶汤滋味。

（14）茶艺师将紫砂壶盖掀开，让叶底显露出来。

（15）从众多茶叶中选出一片叶底，放在手心里，向宾客展示叶形、芽头及叶子颜色。

（16）引导宾客用手指去按压叶底，感受叶底的嫩度。

（17）让宾客感受乌龙茶叶底特点：绿叶底红镶边、肥软黄亮。

（18）茶艺师站立在门口送宾客，然后将茶具收回。

三、标准

（1）茶具齐全，摆放合理。

（2）茶艺师端庄稳重地向宾客进行介绍。

（3）站姿时，头要正，下颚微收，挺胸收腹，双脚跟合并。端坐时，腰要直，头要正。

（4）微笑要甜美。

（5）茶叶一个茶荷的分量为3~5克，不宜过多或过少。

（6）介绍干茶时不宜将茶叶直接放在手心里展示。

（7）热嗅时盖碗的盖子不可全开，以防香气变淡。

（8）干茶入壶时，动作轻柔，避免茶叶散落。

（9）茶艺师手捧茶杯介绍茶汤时，双手水平持杯，不可歪斜。

（10）为宾客介绍滋味时，语调要轻柔。

（11）茶艺师展示在手心的叶底不应有水珠。

（12）等客人离座后，茶艺师再收拾茶台。

（13）茶具需要清洗干净，然后归位。

【体验园】

乌龙茶类有着独有的香气，以小组为单位，查询乌龙茶类的制作方法以及是哪一道工序使乌龙茶增添独特的韵味，制作PPT，然后进行课堂汇报。

思考与实践

1.是否所有的乌龙茶都是"绿叶红镶边"？为什么？
2.品饮乌龙茶时与什么茶点搭配最合适？

任务评分资料库

乌龙茶特点介绍评价表

序号	测试内容	测评标准	评价结果			
			优	良	合格	不合格
1	展示产地	（1）标签面向客人。				
		（2）茶艺师端坐在茶台旁。				
		（3）茶叶在每一个茶荷的分量为3~5克。				
2	展示外形与色泽	干茶不直接置在手心里展示。				
3	热嗅香气	提醒宾客，热嗅时盖碗的盖子不可全开。				
4	介绍茶汤	（1）手捧茶杯，双手水平持杯，不可歪斜。				
		（2）倒茶汤时，盖碗中的茶汤要滤尽。				
5	品尝滋味	分三口品尝，不可一口到底。				
6	展示叶底	展示在手心的叶底不应有水珠。				
7	送客收具	（1）等客人离座后，茶艺师收拾茶台。				
		（2）茶具清洗干净，并归位。				

任务3　为宾客介绍绿茶的特点

学习目标

•能根据绿茶的外形颜色等特点辨别绿茶。
•能详尽地为宾客介绍绿茶的特点。

任务准备

1. 前置任务：

（1）请收集 1~2 个关于绿茶的故事。

（2）请查询名优绿茶包括哪些茶叶，并带上少许茶样回来与组员讨论。

2. 安全小提示：

（1）室内需保持整洁、明亮、无异味。

（2）茶艺师要穿戴整齐。

（3）随手泡装水七分满，以防止沸水溢出烫伤或造成电源线板短路。

（4）介绍时，注意用电安全。

（5）为宾客介绍茶叶特点时声音不应过大。

相关知识

绿茶属不发酵茶类，茶多酚较其他茶类多，是一种抗氧化最好的茶类。其基本工序流程为杀青、炒青、揉捻，因没有发酵的缘故，香气清新，汤色清绿。绿茶的品种众多，外形千姿百态，香气、滋味都各具特色，是我国生产最久的茶类。

一、绿茶的品种

根据绿茶制作工艺中干燥的方式，可将其分为以下四类：

1. 炒青绿茶

炒青绿茶是指采用炒干的方式而制成的绿茶。按外形可分为长炒青、圆炒青和扁炒青三类。长炒青形似眉毛，又称为眉茶，其品质特点是条索紧结、色泽绿润，香高持久，滋味浓郁，汤色、叶底黄亮。圆炒青外形如颗粒，又称为珠茶，其具有外形圆紧如珠、香高味浓、耐泡等品质特点。扁炒青又称为扁形茶，其成品扁平光滑、香鲜味醇，如西湖龙井（图 2-2）。

图 2-2　西湖龙井

2. 烘青绿茶

烘青绿茶是用烘笼进行烘干的。烘青毛茶经再加工精制后大部分作熏制花茶的茶坯，香气一般不及炒青高，少数烘青名茶品质特优。以其外形也可分为条形茶、尖形茶、片形茶、针形茶等。条形烘青，全国主要产茶区都有生产；尖形、片形茶主要产于安徽、浙江等省市。图2-3为黄山毛峰茶叶外形。

图2-3 黄山毛峰

3. 晒青绿茶

晒青绿茶是用日光进行晒干的。主要在湖南、湖北、广东、广西、四川、云南、贵州等省有少量生产。晒青绿茶以云南大叶种的品质最好，称为"滇青"（图2-4）。

图2-4 滇青

4.蒸青绿茶

蒸青以蒸汽杀青，是我国古代的杀青方法。唐朝时传至日本，相沿至今。蒸青是利用蒸汽量来破坏鲜叶中的酶活性，形成干茶色泽深绿，茶汤浅绿和茶底青绿的"三绿"的品质特征，但香气较闷带青气，涩味也较重，不及锅炒杀青绿茶那样鲜爽。恩施玉露（图2-5）是我国传统蒸青绿茶。

图 2-5　恩施玉露

西湖龙井、碧螺春、太平猴魁等是大众消费者较为熟悉的绿茶类。为了表现绿茶特点，本次任务选用冲泡"洞庭碧螺春、竹叶青、黄山毛峰"三种茶作为向宾客介绍的茶样，从介绍的方法、内容、标准等方面让宾客体验出绿茶的魅力所在。

二、向宾客介绍绿茶特点与冲泡的方法

（1）茶艺师将三个茶荷并列放在一起，向宾客介绍每一款茶的外形、整碎、条索的特点，同时向宾客介绍对比茶叶的方法。

（2）茶艺师将茶荷中的绿茶干茶置入白瓷盖碗，接着倒入沸水，对茶叶进行冲泡。

（3）茶艺师将白瓷盖碗中的盖子微微翘起呈半开状，递给宾客，让宾客领略独有的绿茶香气特点：清鲜高长、嫩香文雅。

（4）向宾客介绍分辨茶香的方法。

（5）茶艺师将白瓷盖碗的绿茶茶汤，倒入公道杯，然后倒入宾客的品茗杯。

（6）茶艺师手捧茶杯，向宾客介绍绿茶的汤色特色：碧玉清澈、明亮。

（7）引导宾客分辨茶汤汤色。

（8）向宾客介绍绿茶独特滋味：鲜爽生津、醇厚甘甜。

（9）引导宾客分辨不同茶汤滋味。

（10）茶艺师将盖碗掀开，让叶底显露出来。

（11）从众多茶叶中选出一片叶底，放在手心里，向宾客展示叶形、芽头及

叶子颜色。

（12）教导宾客用手指去按压叶底，感受叶底的嫩度。

（13）让宾客感受绿茶叶底特点：细嫩，嫩绿明亮、嫩黄肥壮。

（14）茶艺师站立在门口送宾客，然后将茶具收回。

【体验园】

以小组为单位，查找名优绿茶的茶类并制作一辑简介视频，进行课堂汇报，然后小组之间评分。

思考与实践

1. 比较信阳毛尖、太平猴魁的外形与种植环境的不同点。
2. 广东出产名优绿茶吗？请举例。

任务评分资料库

绿茶特点介绍评价表

序号	测试内容	测评标准	评价结果			
			优	良	合格	不合格
1	展示产地	（1）标签面向客人。				
		（2）茶艺师端坐在茶台旁。				
		（3）茶叶在每一个茶荷的分量为3~5克。				
2	展示外形与色泽	干茶不直接置在手心里展示。				
3	热嗅香气	提醒宾客，热嗅时盖碗的盖子不可全看。				
4	介绍茶汤	（1）手捧茶杯，双手水平持杯，不可歪斜。				
		（2）倒茶汤时，盖碗中的茶汤要滤尽。				
5	品尝滋味	分三口品尝，不可一口到底。				
6	展示叶底	展示在手心的叶底不应有水珠。				
7	送客收具	（1）等客人离座后，茶艺师收拾茶台。				
		（2）茶具清洗干净，并归位。				

任务4　为宾客介绍红茶的特点

学习目标

- 能根据红茶的外形颜色等特点辨别红茶。
- 能详尽地为宾客介绍红茶的特点。

任务准备

1.前置任务：

（1）请分别收集1~2个关于红茶的故事。

（2）请查询名优红茶包括哪些茶叶，并带上少许茶样回来与组员讨论。

2.安全小提示：

（1）室内需保持整洁、明亮、无异味。

（2）茶艺师要穿戴整齐。

（3）随手泡装水七分满，以防止沸水溢出烫伤或造成电源线板短路。

（4）茶叶需新鲜。

（5）为宾客介绍茶叶特点时声音不应过大。

相关知识

红茶属全发酵茶类，其干茶及茶汤的色泽以红褐色为主调，基本制作工序包括萎凋、揉捻、发酵和干燥。由于红茶在发酵过程中，鲜叶中的化学成分（茶多酚）有较大变化，产生了茶黄素、茶红素等新成分，造成其香气种类众多、口感香甜味醇等特征。祁红、滇红、正山小种是最为国人熟知的红茶茶品。本任务以金骏眉、云南滇江、英红九号为例。

以下是介绍红茶特点的步骤、操作方法与说明。

一、步骤

（1）向宾客展示茶叶的产地。

（2）向宾客介绍三种茶叶的外形与色泽。

（3）邀请宾客共同热嗅香气。

（4）向宾客介绍茶汤。

（5）引导宾客品尝滋味。

（6）向宾客介绍叶底。

（7）欢送宾客收拾器具。

二、操作方法与说明

（1）布置好茶桌，将茶具摆放好。

（2）将宾客引领入位，然后将茶罐放在茶台上，向宾客展示标签。

（3）茶艺师将干茶从茶罐倒入茶荷中，茶巾置于器皿旁。

（4）茶艺师将茶荷并列在一起，向宾客介绍每一款茶的外形、整碎、条索的特点，同时向宾客介绍对比茶叶的方法。

（5）茶艺师将茶荷中的红茶干茶置入紫砂壶，接着倒入沸水，对茶叶进行冲泡。

（6）茶艺师将紫砂壶中的盖子微微翘起呈半开状，递给宾客，让宾客领略独有的红茶香气特点：蜜糖香、地域香、鲜郁高长。

（7）向宾客介绍分辨茶香的方法。

（8）茶艺师将紫砂壶的红茶茶汤，倒入公道杯，然后再倒入宾客的品茗杯。

（9）茶艺师手捧茶杯，向宾客介绍红茶的汤色特色：红艳明亮。

（10）引导宾客分辨茶汤汤色。

（11）茶艺师为宾客示范分三口品茗茶汤的方法。

（12）向宾客介绍红茶独特滋味：鲜醇嫩甜、浓强鲜爽。

（13）引导宾客分辨不同茶汤滋味。

（14）茶艺师将紫砂壶盖掀开，让叶底显露出来。

（15）从众多茶叶中选出一片叶底，放在手心里，向宾客展示叶形、芽头及叶子颜色。

（16）教导宾客用手指去按压叶底，感受叶底的嫩度。

（17）让宾客感受红茶叶底特点：红匀明亮。

（18）茶艺师站立在门口送宾客，然后将茶具收回。

【体验园】

以小组为单位，制作一辑中西方不同的名优红茶简介，并让亲戚朋友欣赏后收集观后感，至少三个，进行课堂汇报。

 **思考与实践**

1.英德是广东省著名的红茶产地，祁门是安徽省著名的红茶产地，请比较英

德红茶与祁门红茶的不同和相同之处。

2.体质燥热的客人适合品饮红茶吗？为什么？

任务评分资料库

红茶特点介绍评价表

序号	测试内容	测评标准	评价结果			
			优	良	合格	不合格
1	展示产地	（1）标签面向客人。				
		（2）茶艺师端坐在茶台旁。				
		（3）茶叶在每一个茶荷的分量为3~5克。				
2	展示外形与色泽	干茶不直接置在手心里展示。				
3	热嗅香气	提醒宾客，热嗅时盖碗的盖子不可全开。				
4	介绍茶汤	（1）手捧茶杯，双手水平持杯，不可歪斜。				
		（2）倒茶汤时，盖碗中的茶汤要滤尽。				
5	品尝滋味	分三口品尝，不可一口到底。				
6	展示叶底	展示在手心的叶底不应有水珠。				
7	送客收具	（1）等客人离座后，茶艺师收拾茶台。				
		（2）茶具清洗干净，并归位。				

项目2　茶叶感官审评

情境引入

　　位于海珠区的"茶缘"教学茶艺馆经过一个学期的试营业，已经渐渐步入正轨。刚刚新装修好的"茶缘"茶艺馆迎来了首个"媒体体验日"。店长利用早会时间指导茶艺师们摆设茶台、凳子，同时向茶艺师们提出工作要求，并表示"媒体体验日"的主要目的是介绍"品鉴六大茶叶的步骤"。为了让媒体记者能够更深刻地体验"茶缘"独特的教学模式，店长将茶艺师们分为6个小组，每个小组负责介绍一种茶叶，然后邀请记者共同品鉴。

任务 1　茶叶感官审评标准

学习目标

- 能描述茶叶感官审评的原理。
- 能运用茶叶感官评审标准中的专用术语来表述茶叶的外质与内质。

任务准备

1. 请准备茶叶审评杯、碗等用具。
2. 请查询进行茶叶感官审评的原因。

相关知识

一、茶叶感官审评的定义

　　茶叶感官审评是指由评茶员依靠自身的嗅觉、味觉、视觉、触觉来判断茶叶品质好坏的一种方法。根据《茶叶审评师》一书的定义，茶叶感官审评室应为背南面北开窗，无反射光，周围无异气污染的地区。门窗应挂暗帘，室内应有样品架、茶样桶等设备。

二、茶叶感官审评的工具

　　标准评茶盘、专业茶叶审评杯、审评碗、审评汤匙、电子秤、沸水、时钟、废水桶、感官审评表、干评台、湿评台等（见图 2-6 至图 2-11）。

图 2-6　审评标准碗

图 2-7　审评标准杯

图2-8 评茶盘

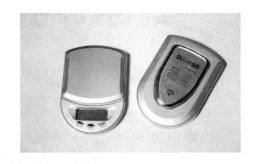

图2-9 电子秤

图2-10 干评台用具

图2-11 湿评台用具

三、茶叶感官审评的基本因数

茶叶感官审评分为干评和湿评。干评是指茶叶外形的四项因子，分别是形状、整碎、净度和色泽。湿评是指茶叶内质的四项因子，分别是香气、汤色、滋味和叶底。

四、茶叶感官审评程序

1. 取样

从整包、整瓶茶叶中随意抽取部分茶叶作为此类茶的茶样，然后将茶样放进评茶盘中。

2. 外质审评

外质审评也称为外形审评或外形因子审评，主要是看干茶。看干茶主要是从形状、整碎、净度和色泽等四个方面来对茶样进行审评。

（1）形状。指茶叶的大小、粗细、轻重和长短，其内容指各种类型茶叶的外形规格。

（2）整碎。是指比较茶叶的匀齐度和上、中、下各段茶的比例的均匀度。茶叶的整碎反映了各段茶饼的配比是否恰当。

（3）净度。是指比较茶叶中夹杂物（梗、籽、朴、片等）和非茶类夹杂物（杂草、树叶、泥沙、石子等）含量多少。若含量多，说明净度差，含量少，说明净度好。

（4）色泽。指从茶叶本身的颜色和光泽度来看，评比色泽的鲜陈、润枯、匀杂等。色泽好的茶叶要有油润感；色泽差的茶叶看上去有枯死的感觉。

3. 内质审评

内质审评也称为茶叶内质因子审评，主要是评茶叶在冲泡过后的质量，简单来说就是：湿看。湿看茶叶主要是从香气、汤色、滋味和叶底等四个方面进行审评。

（1）第一步：热闻香气。嗅香气分为热嗅、温嗅和冷嗅三个阶段。热嗅是指以滤出茶汤或看完汤色即趁热闻嗅香气，此时最易辨别有无异味。温嗅是嗅香的最佳时期，香气的高低判定主要是在这个时候完成。冷嗅是嗅香气的持久性。

（2）第二步：观汤色。是指观茶汤的颜色。需要评比汤色是否正常，评比深浅、明暗、清浊。红茶冷却后出现混浊现象，通常称"冷后混"，好的红茶才有此现象（所以对于红茶内质的评比，以免茶汤出现"冷后混"影响汤色明暗度的辨别，应该先看汤色再闻香气）。

（3）第三步：尝滋味。即为尝茶汤的味道。审评茶汤的滋味，是在评茶汤色之后立即进行的，评尝滋味的适宜温度在 50℃左右。每尝完一碗茶汤，应将汤匙中的残留液倒尽并在白开水中漂净，避免串味。

（4）第四步：看叶底。叶底是人们所说的茶渣。茶渣的老嫩、匀杂、整碎、色泽的亮暗和叶片开展的程度是评定茶叶优劣的一个重要因素。用手指压，放松后观察其弹性大小，然后将叶张翻转过来，平铺在漂盘中央，观察芽的含量。

【体验园】

以小组为单位，选出一种茶叶进行感官审评，同时用摄像机记录下来，然后将此与教学视频进行对比，与同学们讨论自己小组审评的步骤正确与否。

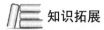 知识拓展

三段茶的区分

将茶叶抹平在茶盘后，通过把盘、摇盘和收盘的动作将茶叶在盘中分为三层。形状比较粗长松漂在表面的，称为上段茶或面张茶；细紧重实的茶叶集中于中层的，称为中段茶；细小的碎茶、片茶和末茶都积于底层的，叫下段茶或下身茶。

干茶的形状评语

形状	评语
匀称	长短、粗细相称。配合适当，无脱档现象。
匀齐、匀整	外形匀称，老嫩整齐。
粗大	条索或颗粒较粗，身骨较轻，介于"粗实"和"粗松"之间。
粗实、粗钝	条索或颗粒粗而尚紧实，称"粗实"；如"破口"也多，称"粗钝"。
洁净	不含有非茶类杂物。
露梗	茶叶中有较多梗。
夹片多	片形茶多。

任务2　绿茶、黄茶、白茶、红茶品鉴

学习目标

- 能根据茶叶感官审评的原理来辨别茶叶的优劣。
- 能按照茶叶审评程序独立完成茶叶品鉴工作。

任务准备

1. 前置任务：

（1）请收集小组想要品鉴的绿茶茶样。

（2）请与组员讨论茶叶感官审评的步骤。

2. 安全小提示：

（1）茶叶感官审评室应设在噪声控制不超过 50 分贝环境清静的地方，室内安静、整洁、明亮、无异味。

（2）品鉴样品要新鲜。

（3）样品室应紧靠审评室，门窗挂暗帘。

（4）用评语描述时，使用副词"较""稍""欠""尚"，但"尚"与"欠"只能加在褒义词之前。

（5）使用评语表述时，避免把"不"字放在评语之前。

相关知识

茶叶的审评是一项严谨的工作，审评员的判定决定了茶叶的品质、价位和档次。

审评的茶叶类型多种多样：可以是同一类茶叶，但来自不同产区、产于不同年份、运用不同加工工艺（例如：英德红茶与祁门红茶）的对比；也可以是不同茶种（例如：绿茶与黄茶）的对比等。

绿茶、黄茶、白茶、红茶审评所用的器皿一样，步骤一致，因此本次选择绿茶作为审评的茶样。

绿茶审评工具：审评茶杯、审评茶碗、评茶盘、称茶天平/电子秤、废水皿、随手泡、审评汤匙、笔、时钟、绿茶品鉴评价表和绿茶品质记录表等。

茶样：洞庭碧螺春、竹叶青、黄山毛峰。

场地：审评室。

绿茶步骤、操作方法与标准：

一、绿茶审评步骤

第一步：干评取样——随机抽取茶叶干茶作为审评的样品。

第二步：把盘——把样品分配均匀。

第三步：干看茶叶——对比样品的形状、颜色、整碎、净度。

第四步：湿评取样——从干评的样品中，称一定数量的茶叶作为湿评样品。

第五步：冲泡——将湿评样品冲泡 5 分钟。

第六步：闻香气——湿评中的第一步，对比香气。

第七步：看汤色——将茶汤倒出，对比汤色。

第八步：尝滋味——用审评茶匙，对比茶汤的滋味。

第九步：观叶底——对比单叶底的厚度和众叶底的柔度。

第十步：填写表格。

第十一步：收拾用具。

二、绿茶审评操作方法与说明

（1）将评茶盘贴上标签，按顺序从左到右依次排列在干评台上。

（2）取出茶叶罐，将茶叶全部倒进评茶盘中。

（3）黄山毛峰各自充分混匀，从不同部位取出适量茶样倒入评茶盘中，抹平。

（4）握盘，双手握住评茶盘的对角边沿，左手大拇指后部必须堵住评茶盘一角的缺口。

（5）收盘，双手拿住评茶盘对角边沿，然后双手同时左右手颠簸评茶盘，使均匀分布在茶盘的茶叶收拢呈馒头形。

（6）簸盘，双手拿住评茶盘对角边沿，然后双手同时上下颠簸评茶盘，将细碎茶叶簸摆到大片茶叶前方。

（7）干茶对比，评茶员需要将已经把盘后的茶盘摆放在一起进行对比。

（8）将比较后的结果填入茶叶感官审评品质记录表里。

（9）湿评取样，用大拇指、食指和中指从评茶盘中取出茶叶。

（10）将茶叶放入称茶天平里，分别称3克的茶样。

（11）将3克茶样分别倒入审评茶杯中。

（12）冲泡，评茶师用刚煮沸的开水从左到右依次迅速倒入审评茶杯中。

（13）开始计时，时间为5分钟。

（14）5分钟后，按冲泡顺序依次将审评杯内的茶汤倒入评茶碗中。

（15）闻香气的顺序为从左到右。

（16）评茶员依次将审评杯拿起，然后半开杯盖去闻热香。

（17）闻香气分为热嗅、温嗅、冷嗅三个阶段，每个阶段间隔2分钟。

（18）闻完香气后，将它们的香气分别用专业评语填写在记录表里。

（19）看汤色时，评茶员需要将三个审评碗并列在一起，对比三个碗的汤色。

（20）尝滋味时，评茶员先在每个审评碗中各放一个勺子，每种茶品茗一口，然后吐出，将其滋味用专业评语填写在记录表里。

（21）观叶底时，评茶员先将审评杯中的叶底倒入审评杯杯盖中，接着用勺子将茶叶铺平、锨平。然后用手指按叶底，感受叶张的厚薄，观察芽头和嫩叶的含量等要数。最后将它们的叶底情况，分别用专业评语填写在记录表里。

（22）评茶员把所有观察到的信息记录下来，将表格补充完整。

（23）将审评工具收拾好。

（24）上交绿茶品鉴评价表。

三、绿茶审评的标准

（1）审评茶具齐全，摆放合理，干湿区域分明。

（2）茶叶新鲜。

（3）茶叶在评茶盘内需要充分混匀。

（4）握盘时需要用左手大拇指堵住评茶盘一角，茶叶不可外漏。

（5）摇盘手势从左到右，动作要轻柔。

（6）摇盘后的盘中茶可明显出现上中下三层。

（7）收盘动作干脆不可过猛，盘中茶的细碎茶叶与上段茶分开。

（8）评茶盘应避免被阳光直射。

（9）干评包括条索、整碎、净度、色泽的比较。

（10）为了取样均匀，取茶手势为大拇指、食指和中指一起取样。

（11）茶样入审评杯时，不要散落。

（12）冲泡时，开水量以满而不溢为宜。

（13）计时要从冲泡时开始计算。

（14）倒茶汤时，杯中的茶汤要滤尽，因为最后几滴茶汤浓度较高，如果不滤尽，将直接影响到茶汤的浓度。

（15）热嗅时应轻轻地嗅，速度要快。

（16）看汤色时，保持审评碗水平。

（17）尝滋味时，使茶汤充分在口中停留，口中发出"吱吱"声。

（18）按压叶底时，动作要轻柔。

（19）使用评语表述时，避免把"不"字放在评语之前。

（20）及时填写审评报告，对审评的八项因子逐项给予评语和评分。

（21）审评工具需要洗净归位。

（22）审评台需要整理干净。

【体验园】

以小组为单位，制作一辑绿茶品鉴视频，并让亲戚朋友欣赏，之后收集观后感，进行课堂汇报。

思考与实践

1. 名优绿茶的茶品很多，除了洞庭碧螺春、竹叶青、黄山毛峰以外还有西湖龙井、太平猴魁等，试比较西湖龙井与信阳毛尖在外形与内质上的不同点。

2. 绿茶的感官评审中干茶茶样的分量可以超过 3 克吗？为什么？

任务评分资料库

绿、黄、白、红茶品鉴评价表

序号	测试内容	测评标准	评价结果			
			优	良	合格	不合格
1	备具	审评茶具齐全，摆放合理。				
2	干评取样	茶叶在评茶盘内需要充分混匀。				
3	把盘	（1）握盘时用左手大拇指堵住评茶盘一角，使茶叶不外漏。				
		（2）收盘动作干脆不可过猛。				
		（3）茶盘中可以明显出现三段茶。				
4	干看茶叶	使用专业术语将干茶的外形判别填写在茶叶感官审评记录表中。				
5	湿评取样	取茶手势为大拇指、食指和中指捻在一起。				
6	冲泡	（1）开水量不可过满。				
		（2）计时要从冲泡时开始。				
		（3）倒茶汤时，杯中的茶汤滤尽。				
7	闻香气	（1）热嗅时茶杯盖不应完全打开。				
		（2）热嗅时应轻轻地嗅，速度要快。				
8	看汤色	看汤色时，保持审评碗水平。				
9	尝滋味	尝滋味时，使茶汤充分在口中停留，口中发出"吱吱"声。				
10	观叶底	评定与记录时，需要运用正确的语言。				
11	收具	（1）审评工具需要洗净归位。				
		（2）审评台抹干净。				

任务3 乌龙茶品鉴

学习目标

- 能根据茶叶感官审评的原理来辨别乌龙茶的优劣。
- 能按照茶叶审评程序独立完成乌龙茶品鉴工作。

任务准备

1. 前置任务：

（1）请收集小组想要品鉴的乌龙茶茶样。

（2）请与组员讨论乌龙茶感官审评的步骤。

2. 安全小提示：

（1）茶叶感官审评室应设在噪声控制不超过50分贝环境清静的地方，室内安静、整洁、明亮、无异味。

（2）品鉴样品要新鲜。

（3）样品室应紧靠审评室，门窗挂暗帘。

（4）用评语描述时，使用副词"较""稍""欠""尚"，但"尚"与"欠"只能加在褒义词之前。

（5）使用评语表述时，避免把"不"字放在评语之前。

相关知识

茶叶的审评是一项严谨的工作，审评员准确的判定决定了茶叶的品质、价位和档次。审评的茶叶类型多种多样：可以是同一类茶叶，但来自不同产区、产于不同年份、运用不同加工工艺（如英德红茶与祁门红茶）的对比；也可以是不同茶种（例如：绿茶与黄茶）的对比等。

此次任务体验选择了乌龙茶作为审评的茶样。

乌龙茶审评工具：审评茶杯、审评茶碗、评茶盘、称茶天平/电子秤、废水皿、随手泡、审评汤匙、笔、时钟、白茶品鉴评价表和白茶品质记录表。

场地：审评室。

乌龙茶茶样：安溪铁观音、凤凰单丛、台湾冻顶乌龙茶。

乌龙茶审评步骤、操作方法与标准如下：

一、乌龙茶审评步骤

第一步：干评取样——随机抽取茶叶干茶作为审评的样品。

第二步：把盘——把样品分配均匀。

第三步：干看茶叶——对比样品的形状、颜色、整碎、净度。

第四步：湿评取样——从干评的样品中，称一定数量的茶叶作为湿评样品。

第五步：冲泡——将湿评样品冲泡5分钟。

第六步：闻香气——湿评中的第一步，对比香气。

第七步：看汤色——将茶汤倒出，对比汤色。

第八步：尝滋味——用审评茶匙，对比茶汤的滋味。

第九步：观叶底——对比单叶底的厚度和众叶底的柔度。

第十步：填写表格。

第十一步：收拾用具。

二、乌龙茶审评操作方法与说明

（1）将评茶盘贴上标签，按顺序从左到右依次排列在干评台上。

（2）取出茶叶罐，将茶叶全部倒进评茶盘中。

（3）分别将茶叶（安溪铁观音、凤凰单丛、台湾冻顶乌龙茶）各自充分混匀，从不同部位取出适量茶样倒入评茶盘中，抹平。

（4）握盘，双手握住评茶盘的对角边沿，左手大拇指后部必须堵住评茶盘一角的缺口。

（5）收盘，双手拿住评茶盘对角边沿，然后双手同时左右手颠簸评茶盘，使均匀分布在茶盘的茶叶收拢呈馒头形。

（6）簸盘，双手拿住评茶盘对角边沿，然后双手同时上下颠簸评茶盘，将细碎茶叶簸摆到大片茶叶前方。

（7）干茶对比，评茶员需要将已经把盘后的茶盘摆放在一起进行对比。

（8）将比较后的结果填入茶叶感官审评品质记录表里。

（9）湿评取样，用大拇指、食指和中指从评茶盘中取出茶叶。

（10）将茶叶放入称茶天平里，分别称8克的茶样。

（11）将8克茶样分别倒入审评茶杯中。

（12）冲泡，评茶师用刚煮沸的开水从左到右依次迅速倒入审评茶杯中。

（13）开始计时，时间为5分钟。

（14）5分钟后，按冲泡顺序依次将审评杯内的茶汤倒入评茶碗中。

（15）闻香气的顺序为从左到右。

（16）评茶员依次将审评杯拿起，然后半开杯盖去闻热香。

（17）闻香气分为热嗅、温嗅、冷嗅三个阶段，每个阶段间隔2分钟。

（18）闻完香气后，将它们的香气分别用专业评语填写在记录表里。

（19）看汤色时，评茶员需要将三个审评碗并列在一起，对比三个碗的汤色。

（20）尝滋味时，评茶员应先在每个审评碗中各放一个勺子，每种茶品茗一口，然后吐出，将其滋味用专业评语填写在记录表里。

（21）观叶底时，评茶员先将审评杯中的叶底倒入审评杯杯盖中，接着用勺子将茶叶铺平、锹平。然后用手指按叶底，感受叶张的厚薄，芽头和嫩叶的含量等要素。最后将它们的叶底情况，分别用专业评语填写在记录表里。

（22）评茶员把所有观察到的信息记录下来，将表格补充完整。

（23）将审评工具收拾好。

（24）上交乌龙茶品鉴评价表。

三、乌龙茶审评的标准

（1）审评茶具齐全，摆放合理，干湿区域分明。

（2）茶叶新鲜。

（3）茶叶在评茶盘内需要充分混匀。

（4）握盘时需要用左手大拇指堵住评茶盘一角，茶叶不可外漏。

（5）摇盘手势从左到右，动作要轻柔。

（6）摇盘后的盘中茶可明显出现上中下三层。

（7）收盘动作干脆不可过猛，盘中茶的细碎茶叶与上段茶分开。

（8）评茶盘应避免被阳光直射。

（9）干评包括条索、整碎、净度、色泽的比较。

（10）为了取样均匀，取茶手势为大拇指、食指和中指一起取样。

（11）茶样入审评杯时，不要散落。

（12）冲泡时，开水量以满而不溢为宜。

（13）计时要从冲泡时开始计算。

（14）倒茶汤时，杯中的茶汤要滤尽，避免漏掉最后几滴浓度较高的茶汤。

（15）热嗅时应轻轻地嗅，速度要快。

（16）看汤色时，保持审评碗水平。

（17）尝滋味时，使茶汤充分在口中停留，口中发出"吱吱"声。

（18）按压叶底时，动作要轻柔。

（19）使用评语表述时，避免把"不"字放在评语之前。

（20）及时填写审评报告，对审评的八项因子逐项给予评语和评分。

（21）审评工具需要洗净归位。

（22）审评台需要整理干净。

【体验园】

以小组为单位，制作一辑乌龙茶品鉴视频，并让亲戚朋友欣赏后收集观后感，进行课堂汇报。

思考与实践

乌龙茶的感官评审的干茶茶样为什么不是 3 克呢？

任务评分资料库

乌龙茶品鉴评价表

序号	测试内容	测评标准	评价结果			
			优	良	合格	不合格
1	备具	审评茶具齐全，摆放合理。				
2	干评取样	茶叶在评茶盘内需要充分混匀。				
3	把盘	（1）握盘时用左手大拇指堵住评茶盘一角，茶叶不可外漏。				
		（2）收盘动作干脆不可过猛。				
		（3）茶盘中可以明显出现三段茶。				
4	干看茶叶	使用专业术语将干茶的外形判别填写在茶叶感官审评记录表。				
5	湿评取样	取茶手势为大拇指、食指和中指捻在一起。				
6	冲泡	（1）开水量不可过满。				
		（2）计时要从冲泡时开始。				
		（3）倒茶汤时，杯中的茶汤滤尽。				
7	闻香气	（1）热嗅时茶杯盖不应完全打开。				
		（2）热嗅时应轻轻地嗅，速度要快。				
8	看汤色	看汤色时，保持审评碗水平。				

续表

序号	测试内容	测评标准	评价结果			
			优	良	合格	不合格
9	尝滋味	尝滋味时，使茶汤充分在口中停留，口中发出"吱吱"声。				
10	观叶底	评定与记录时，需要运用正确的语言。				
11	收具	（1）审评工具需要洗净归位。				
		（2）审评台抹干净。				

模块小结

　　本模块主要是从技能的角度，阐述茶叶的分类以及茶叶感官审评的标准程序。其中茶叶的分类是依据制造工艺和品质上的差异来划分的，茶叶分类任务单元包括茶叶分类、为宾客介绍乌龙茶特点、为宾客介绍绿茶特点和为宾客介绍红茶特点四个学习情境，通过此任务的学习，学生可以掌握茶叶分类的方法，并依据茶叶本身的特质识别出乌龙茶、绿茶和红茶。茶叶审评是鉴定茶叶品质优次好坏的一种鉴定方法，此任务单元介绍了茶叶感官审评标准以及各类茶叶品鉴等学习情境，要求学生通过学习，掌握茶叶感官审评标准，并能以此标准和程序独立进行茶叶品鉴。

综合实操训练

茶叶感官审评程序

一、实训目标

能按照茶叶感官审评标准，独立进行茶叶品鉴。

二、实训内容

　　（1）能根据茶叶的品质特征，结合茶叶感官审评标准中的专业术语，填写茶叶感官审评品质记录表。

　　（2）能根据茶叶种类，选择茶叶品鉴的用具、茶叶量，计时长短进行茶叶感官审评。

　　三、实训准备（材料、工具、人的准备等）

　　（1）茶叶感官审评室或仿真样品室。

　　（2）评茶员服饰。

（3）评茶具准备：审评茶杯、审评茶碗、评茶盘、称茶天平、品鉴评价表和茶叶感官品质记录表。

（4）茶叶：安溪铁观音、凤凰单丛、台湾冻顶乌龙茶。

（5）茶叶品鉴电子教案、PPT、视频、照片。

（6）多媒体教具，包括手提电脑、音箱、投影仪、摄像机等。

（7）茶叶感官审评程序评价表。

四、实训组织

（1）组织学习小组。将学生分为5人一组，一人担任组长，各组员分工完成以下报告表。在此模块中，组内学生进行交流和合作。

小组分工表

活动时间：	
组长：	组内成员：
资料收集方式：	
任务分工情况：	
报告内容：	

报告小组：

（2）提供多媒体教室用于课程的资料收集。

（3）课前准备中，教师必须指导学生准备好审评室的布置；准备评价标准，向学生讲解评分重点；准备实训设备，如茶具、茶叶、多媒体设备等。

（4）课内组织学生观看茶叶感官审评程序的视频，使学生了解茶叶感官审评的基本项目；引导学生根据具体的茶叶，选择茶叶品鉴的分量；茶叶浸泡的时间；组织学生选用专业审评服装；引导学生熟记感官评审的专业术语，根据茶种运用术语，填写品质记录表；向学生讲解实训操作的流程与要注意的问题，如用词要求等；能依据茶叶感官审评标准，独立完成茶叶品鉴整个程序。

五、实训过程

序号	实训项目	问题思考	完成情况记录	时间
1	选择茶叶用量	若以乌龙茶审评为例，应该选用多少克的茶叶去做审评呢？		15分钟
2	选择审评服装	审评茶叶有特殊服装要求吗？什么服装最适合？		15分钟

续表

序号	实训项目	问题思考	完成情况记录	时间
3	选择茶叶审评用具	审评用具有大小配套之分，以乌龙茶为例，需要用哪一种呢？		20 分钟
4	选择茶叶出汤的时间	乌龙茶审评中，多少分钟后需要把茶汤冲出？		20 分钟
5	茶叶感官审评操作练习	在整个茶叶品鉴程序中，最难掌握的是哪个步骤？		60 分钟
6	茶叶品鉴	能否以小组的形式进行茶叶感官审评？对小组的表演进行拍摄和评价。		45 分钟

六、实训小结

通过本次实训，我学到了：

_____

_____

_____

_____

_____

模块三　茶的冲泡

模块简介

冲泡是茶艺要素中最关键的环节。能否把茶叶的最佳状态表现出来，与冲泡技艺的高低有很大的关系。本模块包括茶的冲泡准备和三大茶类的冲泡两大项目。通过本模块的学习，要求熟悉基茶冲泡的程序，掌握泡茶用水及茶具选择的知识，掌握绿茶、红茶和乌龙茶冲泡的方法与技巧。

项目1　茶的冲泡准备

情境引入

阳光穿过树梢，洒在茶艺馆的窗棂上，新的一天开始了。茶艺服务员有条不紊地准备着当天服务接待的茶器、泡茶用水与茶叶，这是每天的常规工作。茶艺师小李还接到一个新任务，负责对新入职的茶艺服务员进行"茶的冲泡"的培训，按照店长的要求，小李认真地做准备。

任务1　基茶冲泡基本原则

学习目标

- 能描述茶叶冲泡前的准备工作。
- 能描述茶叶冲泡的三要素。
- 能描述茶叶冲泡的基本步骤。

以小组为单位，搜集整理"茶的冲泡"的相关资料并制作课件。

一、茶叶冲泡前的准备工作

（1）个人的准备：仪容仪表大方整洁，清洁双手，干净卫生、无异味。

（2）备器候用：关于茶之器皿，陆羽《茶经》里列举了煮茶和饮茶的 29 种器皿。泡茶器皿通常是指茶壶、茶杯、茶碗、茶盘、茶盅、茶托等饮茶用具（见图 3-1）。

图 3-1　泡茶器皿

东北、华北一带，大多数人喜喝花茶，一般常用较大的瓷壶泡茶，然后斟入瓷杯饮用。江南一带，普遍爱好喝绿茶，多用有盖瓷壶泡茶。

福建、广东、中国台湾以及东南亚一带，特别喜爱乌龙茶，多用紫砂器具。

四川、安徽地区流行喝盖碗茶，盖碗由碗盖、茶碗和茶托三部分组成。

喝西湖龙井等名优绿茶，则选用无色透明玻璃杯最理想。

除以上常用泡茶器皿外，还有一些配套茶具，如放茶壶用的茶船（又名茶池，有盘形、碗形两种）；盛放茶汤用的茶盅（又名茶海）；赏茶时盛茶的茶荷；沾水用的茶巾；舀茶用的茶匙；放置茶杯用的茶盘和茶托；专门存放茶叶用的铁罐、陶罐、木罐等贮茶器具。

（3）备水：泡茶之水甘而洁，活而清鲜，尤以泉水为佳。泉水（山水）、溪水、江水（河水）、湖水、井水、雨水、雪水属于天然水，自来水是通过净化后的天然水。水的硬度和茶品质关系密切，软水易溶解茶叶中的有效成分，故茶味较浓，因此泡茶宜选软水。

（4）备茶桌：布置茶桌，备好主泡器（盖碗或紫砂壶、玻璃壶／杯）、公道杯、茶漏、品茗杯。壶嘴、公道杯的杯口不可朝向客人。茶巾放置于身体正前方。

二、泡茶三要素

（1）茶叶用量：根据茶叶种类、茶具大小及饮用习惯而定。

（2）泡茶水温：泡茶水温的掌握因茶而定。细嫩名优茶的冲泡水温宜低，控制在80℃~85℃，使茶汤嫩绿明亮，滋味鲜爽，内含维生素C；较粗老的茶叶水温宜高，控制在95℃左右，乌龙茶、普洱茶和沱茶必须用100℃沸水冲泡，以保持和提高水温，充分浸泡出茶中有效成分。少数民族饮用的紧压茶，则要求水温更高，将砖茶敲碎熬煮。

（3）冲泡时间：茶叶冲泡时间与茶叶种类、用茶量、水温和饮茶习惯都有关系。冲泡时间以茶汤浓度适合饮用者的口味为标准。一般而言，自第二泡起需逐渐增加冲泡时间，使得前后冲泡茶汤浓度较均匀，但每泡一次须将前一泡的茶水倒尽，通常可冲泡5~7次。

三、茶叶冲泡的基本步骤（见图3-2）

（1）温具：用开水烫洗茶具（茶壶／盖碗、茶杯），使之洁净温润。

（2）取茶：用茶匙舀取适量的茶叶。

（3）落茶：投茶入壶或盖碗。

（4）润茶：往壶或盖碗中注入开水，洗净茶叶表面附着的尘埃；倒掉第一道茶汤。

（5）冲泡：将开水高冲入壶，使茶叶翻转。

（6）刮沫：用壶盖或瓯盖轻轻刮去漂浮的白泡沫，使其清新洁净。

（7）分茶：将茶汤倒入茶杯中。

（8）观茶：观赏杯中茶汤的颜色。

（9）闻香：趁热嗅闻茶汤的香味。

（10）品啜：边啜边嗅，浅斟细饮，齿颊留香，别有情趣。

图3-2　茶叶冲泡的基本步骤

【体验园】

以小组为单位，收集或摄录一个关于"基茶冲泡"的视频，介绍茶叶冲泡的准备及基本步骤，在课堂上进行展示。

📚 **知识拓展**

"细啜慢品"入茶境

品茶是一门艺术，要真正领悟茶中真趣，得讲究观形色、闻香气、尝滋味，不同品种，各有侧重。千姿百态的茶叶含有数百种馥郁茶香，闻香亦能识茶。品饮中闻香与尝味总是相辅相成，香韵助茶味，茶味显香韵，令你置身于欲醉未醉，乍醒未醒的美妙境界。

第一品：名优绿茶

透过杯壁，见叶片逐渐舒展，芽似枪、剑，叶如旗，或徘徊下沉，或游移沉浮，别具茶趣，汤色清澈明亮。水汽夹杂着清幽茶香缕缕上升，令你心旷神怡。啜上一口，让茶汤与舌头味蕾充分接触后再下咽，茶味甘醇鲜爽。

第二品：工艺茉莉花茶

手托茶盘，将透明玻璃杯对着光亮处，茶叶在水中自由自在地舒展、游动、变幻；芬芳茶香扑鼻而来，深呼吸，愉悦香气充分领略；小口饮入，令茶汤在舌面往返流动一次再下咽，方能体味名贵花茶独有的茶味、香韵。

第三品：红茶

观其汤，红艳明亮；尝其味，浓强鲜爽。若根据口味加入糖、牛奶、柠檬片、蜂蜜等，更是别具一格。

第四品：乌龙茶

有绿茶之醇和甘爽，红茶之鲜强浓厚，花茶之芬芳幽香的乌龙茶，堪称茶叶王国中的一枝奇葩。举起茶杯由鼻端慢慢移至唇边，往返数次，浓郁花香阵阵袭来；乘热啜饮，滋味鲜浓、甜醇，满口生香，韵味十足，达到最佳品饮境地。

任务2　泡茶用水选择

学习目标

•能根据各类水的特点，为宾客选用适当的水泡茶。

任务准备

1. 前置任务：收集各类泡茶用水的资料，制作相关 PPT（在课堂上进行展示）。

2. 安全小提示：

（1）茶具无破损。

（2）茶叶新鲜。

（3）操作时，注意用电安全；随手泡摆放在不易碰撞之处，保证电源线板通电安全。

（4）音响设备运转正常，无杂音。

相关知识

水是生命之源。古代茶人认为"水为茶之母"。对于烹茶用水，历代茶人都有所论述。明人许次纾在《茶疏》中说："精茗蕴香，借水而发，无水不可与论茶也。"张大复在《梅花草堂笔谈·试茶》中提出："茶性必发于水，八分之茶，遇水十分，茶亦十分矣，八分之水，试茶十分，茶只八分耳。"而张源在《茶录》中则称："茶者，水之神；水者，茶之体。非真水莫显其神，非精茶曷窥其体。"由上述记载可见，古人认为水质直接影响茶质，泡茶水质的好坏，直接影响到茶的色、香、味的优劣，只有精茶与真水的融合，才是至高的享受，是最美的境界。

那么，如何选用泡茶用水呢？下面我们来详细讲解。

1. 自来水选择——从水龙头处取自来水

[**服务标准**]

（1）用透明的玻璃容器取水。

（2）所取用的自来水洁净、清澈。

（3）水龙头洁净无锈迹。

2. 矿泉水选择——从矿泉水瓶中倒取矿泉水

[**服务标准**]

（1）用透明的玻璃容器取水。

（2）所取用的矿泉水在保质期内。

（3）水质洁净、清澈。

3. 择水比较——以自来水、矿泉水这两种常用水为比较对象

[**服务标准**]

（1）环境布置：整洁舒适。

（2）仪容整洁，体态端庄，表情自然。

（3）自来水、矿泉水均洁净清澈。

（4）器具齐全：随手泡、盖碗、品茗杯各两个。

（5）盖碗的质地、大小应一致。

（6）茶叶品种、投茶量应一致。

[**操作说明**]

（1）布置工作台。

（2）整理仪容，端正体态，面带微笑。

（3）准备好白瓷盖碗两个，每个盖碗中投入铁观音茶叶3克。

（4）取自来水、矿泉水各100毫升。

（5）分别煮沸自来水、矿泉水。

（6）将100℃的自来水、矿泉水分别注入两个盖碗中。

4. 确定用水

[服务标准]

茶叶浸泡时间均为1分钟。

[操作说明]

（1）观察茶汤颜色，嗅闻茶汤气味，品饮茶汤。

（2）根据茶汤的颜色、香味、口感三方面的比较结果确定泡茶用水。

（3）确定选用矿泉水泡茶。

【体验园】

以小组为单位，制作一辑泡茶用水选择的视频，在课堂上进行汇报展示。

思考与实践

1. 泡茶用水的水质是否会影响茶汤的色泽与口感？为什么？
2. 如何选择适当的泡茶用水？

任务评分资料库

泡茶用水选择技能评判表

序号	测试内容	测评标准	评价结果			
			优	良	合格	不合格
1	准备用水	准备好洁净清澈的自来水、矿泉水各100毫升。				
2	准备工作台	（1）环境布置：整洁舒适。				
		（2）仪容整洁，体态端庄，表情自然。				
		（3）器具齐全：随手泡、盖碗、品茗杯各两个。				
		（4）盖碗的质地、大小应一致。				
		（5）准备好两个盖碗。				
		（6）盖碗中各投入3克铁观音。				

续表

序号	测试内容	测评标准	评价结果			
			优	良	合格	不合格
3	择水比较	（1）将煮沸的自来水、矿泉水分别注入盖碗。				
		（2）茶叶品种、投茶量、茶具应一致。				
		（3）盖碗的大小、质地相同。				
		（4）自来水、矿泉水的水温应一致。				
		（5）茶叶浸泡时间均为1分钟。				
4	确定用水	（1）比较茶汤颜色。				
		（2）比较茶汤香味。				
		（3）比较茶汤口感。				
		（4）确定较佳的泡茶用水——矿泉水。				

任务3 茶具选择

学习目标

●能根据茶叶及茶具的特点，选择恰当的茶具为宾客泡茶。

任务准备

1.前置任务：收集茶具的相关资料，制作相关PPT（在课堂上进行展示）。

2.安全小提示：

（1）茶具无破损。

（2）茶叶新鲜。

（3）操作时，注意用电安全；随手泡摆放在不易碰撞之处，保证电源线板通电安全。

（4）音响设备运转正常，无杂音。

（5）工作完毕，清洁茶具并分类整理好。

相关知识

饮茶器具，是中国源远流长茶文化的重要组成部分。

古代茶人认为，"器为茶之父"。古人为了获得更大的品饮乐趣，对茶具非常讲究。饮茶器具，是饮茶时不可缺少的一种盛器，具有实用性，有助于提高茶叶的色、香、味，还有助于我们更深刻地感受茶之韵味，增加品茶时的感官享受，让眼、口、心得到温馨的统一。

一般而言，择具泡茶应遵循如下原则：

第一，选择茶具因地制宜。我国地域辽阔，各地的饮茶习俗不同，故对茶具的要求也不一样。如福建及广东潮州、汕头一带，习惯用小杯啜乌龙茶，故选用"烹茶四宝"——潮汕风炉、玉书碨、孟臣罐、若琛瓯泡茶，以鉴赏茶的韵味。

第二，选配茶具因茶制宜。比如，饮用花茶，为有利于香气的保持，可用壶泡茶，然后斟入品茗杯饮用；饮用乌龙茶则重在"啜"，宜选用紫砂茶具；冲泡红碎茶与工夫红茶，可选用瓷壶或紫砂壶；品饮西湖龙井、洞庭碧螺春、君山银针、黄山毛峰等细嫩名优绿茶，可选用玻璃杯冲泡，也可选用白瓷盖碗冲泡。

第三，选配茶具要因具制宜。择具泡茶，一般要考虑其实用性、欣赏价值及是否有利于茶性的发挥。

不同材质的茶具，其使用性能各不相同。采用瓷质盖碗、紫砂壶、玻璃杯，从导热性、保温性、存香性、吸味性几个方面进行比较，根据茶具的特点及茶类择具泡茶。

如何选择适当的泡茶茶具呢？

1. 备具：常用茶具准备

[**服务标准**]

（1）器具完好无破损。

（2）紫砂泥制作的宜兴紫砂壶，容量 100~150ml。

（3）白瓷盖碗容量约 120ml。

（4）玻璃杯无色透明，洁净无尘，容量约 120ml。

[**操作说明**]

（1）准备一把紫砂壶。

（2）准备一套白瓷盖碗。

（3）准备一只玻璃杯。

2. 茶具导热性比较

[**服务标准**]

（1）注水时，水不能溅落在桌面。

（2）茶具中的水量均为八分满。

（3）根据茶具表面的温度确定其导热性能。

[操作说明]

（1）将沸水分别注入紫砂壶、白瓷盖碗、玻璃杯中。

（2）立即触摸茶具表面，感受不同茶具表面的温度。

（3）确定茶具的导热性：玻璃杯感觉烫手，盖碗次之，紫砂壶散热最慢。

3. 茶具保温性比较

[操作说明]

（1）沸水在茶具中静置10分钟。

（2）触摸茶具表面，感受温度的变化。

（3）用温度计度量茶具中的水温。

（4）确定茶具的保温性能：玻璃杯散热最快，盖碗次之，紫砂壶散热最慢。

4. 茶具存香性比较

[服务标准]

（1）三份茶叶的种类、分量、品质应一致。

（2）开水温度为80℃~85℃。

[操作说明]

（1）用审评秤称取重量相同的三份茶叶。

（2）将茶叶分别投入紫砂壶、盖碗、玻璃杯中，冲入开水，静置1分钟。

（3）趁热嗅闻茶香。

（4）确定茶具存香性：玻璃杯、盖碗中的茶汤香气比紫砂壶浸泡更浓郁、醇厚。

5. 茶具吸味性比较

[服务标准]

（1）经浸泡的茶叶在茶具中静置1~3天。

（2）倒掉茶渣后，用清水冲洗茶具。

[操作说明]

（1）已浸泡过的茶叶留置在茶具中。

（2）倒掉茶渣，嗅闻冲洗后的茶具内壁。

（3）确定茶具吸味性：玻璃杯、白瓷盖碗不吸味，紫砂壶内壁留有茶香。

6. 择具配茶

[服务标准]

能根据茶类及茶具的特点选择茶具。

[操作说明]

（1）玻璃茶具：泡茶水温不宜过高，适合冲泡绿茶。

（2）白瓷盖碗：适合冲泡各种茶。

（3）紫砂壶：适合冲泡各类发酵茶，且因紫砂壶吸味性强，为免茶汤香味混淆，一把紫砂壶最好只冲泡一种茶。

【体验园】

以小组为单位，制作一辑茶具介绍的视频，在课堂上进行汇报展示。

 思考与实践

1.茶具的材质大致有哪些？不同材质的茶具各有哪些特点？

2.应如何选择适当的茶具为客人泡茶？

任务评分资料库

茶具选择技能评判表

序号	测试内容	测评标准	评价结果			
			优	良	合格	不合格
1	茶具准备	（1）器具完好无破损。				
		（2）紫砂泥制作的宜兴紫砂壶，容量100~150ml。				
		（3）白瓷盖碗容量约120ml。				
		（4）玻璃杯无色透明，洁净无尘，容量约120ml。				
2	茶具导热性比较	（1）注水时，水不能溅落在桌面。				
		（2）茶具中的水量均为八分满。				
		（3)根据茶具表面的温度确定其导热性能。				
3	茶具保温性比较	（1）沸水在茶具中静置10分钟。				
		（2）根据触摸茶具表面及温度计测量结果确定其保温性能。				

续表

序号	测试内容	测评标准	评价结果			
			优	良	合格	不合格
4	茶具存香性比较	（1）三份茶叶的种类、分量、品质一致。				
		（2）开水温度为80℃~85℃。				
5	茶具吸味性比较	（1）经浸泡的茶叶在茶具中静置1~3天。				
		（2）倒掉茶渣后，用清水冲洗茶具。				
6	择具配茶	根据茶类及茶具的特点选择茶具。				

项目2　三大茶类的冲泡

▎情境引入

　　小王已经在茶艺馆工作了一段时间，她认真地学习专业知识与技能，准备报考初级茶艺师。这天下班后，她虚心地向店长请教绿茶、红茶和乌龙茶的冲泡技巧，反复练习。

任务1　绿茶冲泡

▎学习目标

●能根据绿茶的品质特征，选择玻璃杯为主泡器。

▎任务准备

1.以小组为单位，搜集整理"绿茶冲泡"的相关资料并制作课件。

2.以小组为单位，选择一种名优绿茶进行调查，完成《名优绿茶报告表》。

名优绿茶报告表

报告小组：

茶品名称：

活动时间：		
组长：	组内成员：	
资料收集方式：		
任务分工：		
茶叶产地：	茶叶特点：	呈现方式（实物或图片、视频）：
历史典故：		
茶叶功效：		

相关知识

一、绿茶的冲泡器具

（1）玻璃杯：好的绿茶，叶形完整美观，色泽鲜亮，滋味鲜爽。绿茶中的针形茶、扁形茶，可选用透明玻璃杯来冲泡，以欣赏茶叶舒展开来的独特形态。

（2）盖碗：宜选用白瓷，更能衬托出茶汤的清澈和茶的鲜绿。

（3）瓷壶：含纤维素较高的绿茶，为提高茶叶有效成分的浸出率，可选用保温性稍好的瓷壶冲泡。为避免闷熟茶叶，选用瓷壶冲泡绿茶时一般不加盖。

二、绿茶玻璃杯冲泡

绿茶的冲泡方法很多，选用哪种方法冲泡，不但取决于茶叶的品种，还取决于该茶叶的鲜嫩程度。掌握好茶量与水量的比例以及水温、冲泡时间，是冲泡绿茶的关键。冲泡细嫩度高的名优绿茶，水与茶叶的标准比例一般为150ml水／3克茶叶，即50∶1。按传统冲泡方式，依据茶叶嫩度，水温可从70℃~95℃不等。冲泡时间因茶叶品质和注水方法而不同，一般可从15秒到2分钟不等。

为欣赏绿茶舒展的过程、颜色的变化，选用透明玻璃杯冲泡最为适宜。根据茶条松紧及茶叶品质特征，可采用不同的投茶方式。

（1）上投法：此法多适用于细嫩炒青（如特级龙井、特级碧螺春、特级信阳毛尖、六安瓜片、老竹大方）、细嫩烘青（如竹溪龙峰、汀溪兰香、黄山毛峰、太平猴魁、敬亭绿雪）等细嫩度极好的绿茶。冲泡时水温可控制在 75℃ ~85℃。

先一次性向茶杯（茶碗）中注足热水，待水温适度时再投放茶叶。此法水温要掌握得非常准确，越是嫩度好的茶叶，水温要求越低，有的茶叶可等待至 70℃时再投放。

（2）中投法：投放茶叶（尤其是对于刚从冰箱内取出的茶叶）后，先注入 1/3 热水，待茶叶吸足水分，舒展开来后，再注满热水。此法适用于虽细嫩但很松展或很紧实的绿茶（如英山云雾、竹叶青）。

（3）下投法：先投放茶叶，然后一次性向茶杯（茶碗）注足热水。此法适用于细嫩度较差的一般绿茶。

三、绿茶玻璃杯冲泡的基本步骤

（1）上投法：备具—涤器—赏茶—注水—投茶—静置—敬茶。

（2）中投法：备具—赏茶—温杯—冲水—投茶—润茶—高冲—敬茶—闻香—鉴色—品茗。

（3）下投法：备具—赏茶—温杯—投茶—润茶—冲泡—敬茶—品茶。

【体验园】

以小组为单位，收集或摄录一个关于"绿茶冲泡"的视频，介绍绿茶冲泡的方法及基本步骤，在课堂上进行展示。

📚 知识拓展

绿茶的其他冲泡法

（1）先凉后热法：投放茶叶后，先用少许可饮用的常温凉水浸泡 3 分钟左右，使茶叶吸足水分，充分舒展，再将热水一次性注足。此时的热水温度可控制在 85℃左右。此法适用于冲泡各级嫩度茶叶，但要掌握得恰到好处。

（2）冷泡法：将适量的茶叶置于洁净的瓶中，加入冷水，然后静置约两小时后即可饮用。常温下冷泡的绿茶汤色更绿，滋味更为鲜爽，不受热泡法最佳饮用时间的限制，不会出现热泡太久后出现的水闷气。在冷水中茶叶本身小分子带甜味的氨基酸先溶出，绿茶茶汤游离氨基酸、黄酮等有效成分含量较多，而茶叶中的苦味来源的单宁酸、咖啡因则较不易溶出，因此冷泡茶较为甘甜。

采用冷泡法，需选用洁净的泉水或凉开水，投茶量因个人口感而异；注水后不可摇晃容器，应使茶叶在水中自然浸泡。

绿茶的家庭保存法

绿茶的家庭保存方法，一般有五种：

（1）瓦罐储茶法。茶叶含水量不能超过6%，可用生石灰除湿。明人冯梦祯《快雪堂漫录》云："实茶大瓷，底置箬，封固倒放，则过夏不黄，以其气不外泄也。"

（2）罐藏法。选用洁净无味的金属或纸质的箱、罐、盒，将干燥的茶叶置放其中，将罐口密封好。

（3）塑料袋贮茶法。选用密度高、高压、厚实、强度好、无异味的食品包装袋，将事先用柔软的净纸包好的茶叶置于食品袋内，封口即可。

（4）热水瓶贮茶法。将干燥的绿茶置放于保温不佳而废弃的热水瓶内，盖好瓶塞，用蜡封口。

（5）冰箱保存法。绿茶装入密度高、高压、厚实、强度好、无异味的食品包装袋，然后置于冰箱冷冻室或者冷藏室。此法保存时间长、效果好，但袋口一定要封牢，封严实，否则会回潮或者串味，反而有损绿茶茶叶的品质。

任务2　红茶冲泡

学习目标

●能根据红茶的特性，选择白瓷盖碗为主泡器。

任务准备

1.前置任务：以小组为单位，搜集整理"红茶冲泡"的相关资料并制作课件，在课堂上进行展示。

2.安全小提示：

（1）茶具无破损。

（2）茶叶新鲜。

（3）操作时，注意用电安全；随手泡摆放在不易碰撞之处，保证电源线板通电安全。

（4）音响设备运转正常，无杂音。

相关知识

冲泡红茶，可选用白瓷盖碗，水温以 90℃~95℃为佳。红茶冲泡的基本程式为：备具、温具、赏茶、投茶、冲泡、分汤、敬茶、收具。

1. 备具

[**服务标准**]

（1）茶具齐全，摆放合理。

（2）微笑迎宾。

[**操作说明**]

（1）茶艺师布置好茶桌，将茶具摆放好。

（2）邀请宾客入座。

2. 温具

[**服务标准**]

（1）倒水时，动作轻柔。

（2）茶具洁净。

[**操作说明**]

（1）将沸水倒入盖碗中。

（2）对茶具进行清洁，同时也提高茶具的温度。

3. 赏茶

[**操作说明**]

（1）用茶匙从茶罐中舀出茶叶，置于茶荷中。

（2）请客人观赏茶叶。

4. 投茶

[**操作说明**]

（1）投茶量根据盖碗容量大小而定。

（2）投茶时茶叶不能散落在外。

[**操作说明**]

根据主泡器的容量，按 1：50 左右的比例投茶，一般约 3 克，将茶叶用茶匙拨入盖碗中。

5. 冲泡

[**操作说明**]

（1）沿盖碗壁注入开水。

（2）水温控制在 90℃以上。

（3）控制好冲泡时间。

6. 分汤

[**操作说明**]

（1）把茶汤倒入品茗杯中。

（2）茶汤只斟七分满。

7. 敬茶

[**操作说明**]

向客人敬茶。

8. 收具

[**服务标准**]

（1）等客人离座后，茶艺师收拾茶具。

（2）茶盘清洗干净。

（3）茶具归位。

[**操作说明**]

（1）用茶巾将茶船擦拭干净，将其他茶具摆放在茶船上。

（2）茶艺师站起来向宾客鞠躬表示感谢。

【体验园】

以小组为单位，制作红茶冲泡的基本流程的视频，在课堂上进行汇报展示。

思考与实践

1. 红茶的冲泡要注意哪些事项？

2. 谈谈你所知道的名优红茶。

任务评分资料库

盖碗红茶冲泡服务评价表

序号	测试内容	测评标准	评价结果			
			优	良	合格	不合格
1	准备	（1）茶具齐全，摆放合理。				
		（2）姿态端庄，步伐轻盈，挺胸收腹。				
		（3）面带微笑，有亲和力。				

序号	测试内容	测评标准	评价结果			
			优	良	合格	不合格
2	净手	洗手时，动作轻柔，不能击发出水声。				
3	温具	（1）随手泡壶嘴向内侧，不得将壶嘴朝向客人。				
		（2）茶具干净，无茶迹、水痕。				
		（3）用开水温具。				
		（4）操作时，动作轻柔。				
		（5）高冲时，水不可外溢。				
4	赏茶	（1）用茶匙从茶罐中舀出茶叶，置于茶荷中，请客人观赏。				
		（2）取茶时，茶叶不可散落茶桌。				
5	投茶	（1）拨茶时，茶叶不可散落桌面。				
		（2）投茶量根据盖碗容量大小而定，一般为3克左右。				
6	泡茶	（1）沿盖碗壁注入开水。				
		（2）水温控制在90℃以上。				
		（3）控制好冲泡时间。				
7	分汤	（1）茶汤为七分满。				
		（2）茶汤不可溅出碗外。				
8	奉茶	奉茶时茶艺师站立，面带微笑。				
9	收具	（1）等客人离座后，茶艺师收拾茶台。				
		（2）茶具清洗干净，并归位。				

任务3 乌龙茶冲泡

学习目标

●能根据乌龙茶的特性，选择紫砂壶为主泡器。

任务准备

1.前置任务：以小组为单位，搜集整理"乌龙茶冲泡"的相关资料并制作课件，在课堂上进行展示。

2.安全小提示：

（1）茶具无破损。

（2）茶叶新鲜。

（3）操作时，注意用电安全；随手泡摆放在不易碰撞之处，保证电源线板通电安全。

（4）音响设备运转正常，无杂音。

相关知识

冲泡乌龙茶应视其品种、室温、客人口感以及选用的壶具来掌握出汤时间。乌龙茶冲泡的基本程式为：备具、赏茶、温具、投茶、冲泡、分汤、敬茶、收具。

1.备具

[**服务标准**]

（1）茶具齐全，摆放合理。

（2）微笑迎宾。

[**操作说明**]

（1）茶艺师布置好茶桌，将茶具摆放好。

（2）邀请宾客入座。

2.赏茶

[**操作说明**]

（1）用茶匙从茶罐中舀出茶叶，置于茶荷中。

（2）请客人观赏茶叶。

3. 温具

[**服务标准**]

（1）倒水时，动作轻柔。

（2）茶具洁净。

[**操作说明**]

（1）将沸水倒入紫砂壶中。

（2）对茶具进行清洁，同时也提高茶具的温度。

4. 投茶

[**服务标准**]

（1）投茶量根据紫砂壶容量大小而定。

（2）投茶时茶叶不能散落在外。

[**操作说明**]

用茶匙将茶叶拨入壶中。

5. 冲泡

[**操作说明**]

（1）沿紫砂壶壁注入开水。

（2）控制好水温。

（3）控制好冲泡时间。

6. 分汤

[**操作说明**]

（1）把茶汤倒入品茗杯中。

（2）茶汤只斟七分满。

7. 敬茶

[**操作说明**]

向客人敬茶。

8. 收具

[**服务标准**]

（1）等客人离座后，茶艺师收拾茶具。

（2）茶盘清洗干净。

（3）茶具归位。

[**操作说明**]

（1）用茶巾将茶船擦拭干净，将其他茶具摆放在茶船上。

（2）茶艺师站起来向宾客鞠躬表示感谢。

【体验园】

以小组为单位，制作一辑"乌龙茶冲泡"的视频，在课堂上进行汇报展示。

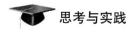　思考与实践

1. 如何冲泡乌龙茶？
2. 乌龙茶的品种有哪些？各具有哪些特点？

任务评分资料库

紫砂壶乌龙茶冲泡服务评价表

序号	测试内容	测评标准	评价结果			
			优	良	合格	不合格
1	准备	（1）茶具齐全，摆放合理。				
		（2）姿态端庄，步伐轻盈，挺胸收腹。				
		（3）面带微笑，有亲和力。				
2	净手	洗手时，动作轻柔，不能击发出水声。				
3	赏茶	（1）用茶匙从茶罐中舀出茶叶，置于茶荷中，请客人观赏。				
		（2）取茶时，茶叶不可散落茶桌。				
4	温具	（1）随手泡壶嘴向内侧，不得将壶嘴朝向客人。				
		（2）茶具干净，无茶迹、水痕。				
		（3）用开水温具。				
		（4）操作时，动作轻柔。				
		（5）高冲时，水不可外溢。				
5	投茶	（1）拨茶时，茶叶不可散落桌面。				
		（2）投茶量根据紫砂壶容量大小而定。				

续表

序号	测试内容	测评标准	评价结果			
			优	良	合格	不合格
6	泡茶	（1）沿壶壁注入开水。				
		（2）控制好水温，用开水泡茶。				
		（3）控制好冲泡时间。				
7	分汤	（1）茶汤为七分满。				
		（2）茶汤不可溅出碗外。				
8	奉茶	奉茶时茶艺师面带微笑。				
9	收具	（1）等客人离座后，茶艺师收拾茶台。				
		（2）茶具清洗干净，并归位。				

模块小结

本模块主要是从技能的角度，阐述基茶冲泡的程序、泡茶用水选择、茶具的选择以及绿茶、红茶、乌龙茶三大茶类的冲泡。通过本模块的学习，要求掌握基茶冲泡的相关知识，并能独立选择茶叶冲泡的用水及茶具；掌握绿茶、红茶、乌龙茶三大茶类冲泡的相关知识，并能独立进行绿茶、红茶和乌龙茶冲泡服务。

综合实操训练

乌龙茶冲泡

一、实训目标

能根据茶叶冲泡的主题，选择紫砂壶为主泡器，为宾客冲泡乌龙茶。

二、实训内容

（1）能够根据冲泡的茶叶品种，正确选择茶具。

（2）能够配合适当的背景音乐进行有节奏的操作。

（3）使学生能够在服务中充分体现合作精神与茶道"和"的境界。

三、实训准备（材料、工具、人的准备等）

（1）仿真茶艺馆实训场地或舞台。

（2）茶艺师服饰。

（3）茶具准备：

①主泡器：紫砂壶；

②辅助用具：茶船、品茗杯、茶具组、公道杯、杯托、废水皿、随手泡、储茶器、茶荷、茶巾。

（4）茶叶：凤凰单丛。

（5）多媒体教具，包括手提电脑、音箱、投影仪、摄像机等。

（6）紫砂壶乌龙茶冲泡评价表。

四、实训组织

（1）组织学习小组。将学生分为5人一组，一人担任组长，各组员分工完成以下报告表。在此模块中，组内学生进行交流和合作。

小组分工表

活动时间：	
组长：	组内成员：
资料收集方式：	
任务分工情况：	
报告内容：	

报告小组：

（2）提供多媒体教室用于课程的资料收集。

（3）课前准备中，教师必须指导学生准备好专业茶室的布置；准备评价标准，向学生讲解评分重点；准备实训设备，茶具、茶叶、多媒体设备等。

（4）课内组织学生观看紫砂壶及乌龙茶的图片及视频，使学生了解紫砂壶的特性以及乌龙茶的特点；引导学生根据具体的茶叶种类，正确选择茶具；引导学生选择背景音乐；组织学生选择服饰；再引导学生根据冲泡的主题，布置茶桌和准备器具；向学生讲解实训操作的流程与要注意的问题，如服务要求等；能根据宾客的需求，为宾客用紫砂壶冲泡凤凰单丛。

五、实训过程

序号	实训项目	问题思考	完成情况记录	时间
1	选择主泡器	冲泡凤凰单丛，应选择什么茶具？		10分钟
2	选择背景音乐	冲泡凤凰单丛，应该选取什么音乐？		15分钟

序号	实训项目	问题思考	完成情况记录	时间
3	选择服饰	潮汕女子应该穿什么服装？男子呢？		15 分钟
4	茶桌布置	冲泡凤凰单丛需要哪些器具？		45 分钟
5	冲泡练习	用紫砂壶冲泡凤凰单丛需要注意哪些事项？		60 分钟
6	小组评价	对小组的冲泡进行拍摄和评价。		30 分钟

六、实训小结

通过本次实训，我学到了：

_____

_____

_____

_____

_____

模块四　茶艺服务展示

模块简介

本模块包括茶艺表演与茶事服务。茶艺表演是将日常沏泡茶技巧进行艺术加工后，展现出来的具有表演性、观赏性的艺术活动。在茶艺表演活动中，将茶艺表演行为艺术潜隐的茶道精神用艺术化的语言传达给品饮者。茶事服务是为宾客提供了日常沏泡茶的茶艺馆服务。通过本模块的学习，要求熟悉各种茶艺表演流程和茶事服务流程，掌握茶艺表演化妆技巧、茶席设计及茶艺演示的方法与技巧，能为宾客提供专业的茶事服务。

项目1　茶艺服务的准备

情境引入

海珠湖在阳光的照耀下，处处充满生机，每一个角落都是布置茶席的好地方。海珠湖大益体验馆的店长红英正在有条不紊地准备着服务接待的茶器与茶叶。早上10点半左右，以"秋日大益香"为主题的茶会活动将在此举行。参加活动的宾客将会带来各自的茶席与大益茶品。英红在早会时就已向每位茶艺师提出了工作要求，包括活动的主打节目茶艺表演"竹韵"与茶事服务的准备要求。

任务1　茶艺表演基本流程

- 能描述茶艺表演的定义、基本流程、类别。
- 能描述茶艺师仪容的基本要求。
- 能描述茶席设计的基本构成因素。

1. 请准备一个茶艺表演的视频。
2. 请准备茶艺师服务的图片。

一、茶艺表演的定义

茶艺表演是在茶艺的基础上产生的，它是通过各种茶叶冲泡技艺的形象演示，科学、生活化且艺术性地展示泡饮过程，使人们在精心营造的幽雅环境氛围中得到美的享受和情操的熏陶。

二、茶艺表演的基本程序

茶艺表演是以一般的茶艺表演程序为基础，根据所泡茶叶的品质特征以及所要表达的主题进行变化的。茶艺表演的一般程序如图4-1。

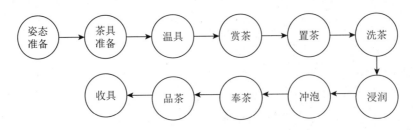

图4-1　茶艺表演的一般流程

1. 姿态准备

　　茶艺员的姿态准备，重点是头要正，下颚微收，神情自然；胸背挺直不弯腰，沉肩垂肘两腋空，脚平放，不跷腿，女士不要叉开双腿（图4-2）。

图4-2　茶艺师坐姿

2. 茶具准备

　　茶艺员选择配套的茶具，并根据茶席设计的要求布置好茶桌，图4-3为茶席准备。

图4-3　茶席准备

3. 温具

用开水温暖茶具，同时达到对茶具进行清洁的目的，提高茶具的温度，对茶叶的开香有一定的帮助。将温具的水倒入茶船或是废水皿中。

4. 赏茶

用茶则盛茶叶倒入茶荷，请客人观赏。评茶一定要先看干茶，通过茶叶的形状、香气、色泽来初步判定茶叶的等级。

5. 置茶

用茶匙将茶叶拨入主泡器中，投放量为 3~5 克。

6. 洗茶

头泡茶一般不饮用，如果是上等级的绿茶，可以不进行洗茶。

7. 冲泡

采用凤凰三点头（高冲低斟反复三次）的方法，将开水冲入主泡器中，水量为主泡器的七分满（图 4-4）。

图 4-4　冲泡

8. 奉茶

用双手端起茶杯，置于胸前，面带微笑将茶奉给客人。

9. 品茶

介绍品茶的方法，先闻香，后赏茶观色，然后细细品缀。

10. 收具

将所用茶具收拾好，清洁茶台，洗净茶具（图 4-5）。

图 4-5　收具

三、茶艺师的仪态

1. 得体的服饰（图 4-6）

茶艺师的服饰，可以反映一个民族的文化素养、精神面貌和物质文明发展的程度，是中国茶道精神的体现。因此，茶艺师服饰的原则应是得体和谐。具体要求与服务环境、身份、节气、身材协调，与茶具相匹配；以民族的特色服装为基础，体现风雅的文化内涵和历史渊源，呈现茶道的端庄、典雅与稳重；根据年龄、性格、性别、肤色、发式及环境等合理选用饰品，符合茶道的类型所体现的风格。

在泡茶过程中，如果服装颜色、式样与茶具环境不协调，这时的"品茗环境"是不优雅的。如果有足够的精力，还要考虑到季节与场合的变化。

2. 整齐的发型

作为茶艺人员，发型的要求与其他岗位有一些区别。主持茶艺的操作时，头发应梳洗干净、整齐，而且避免头部向前倾时，头发会散落到前面来，这样既影响操作又挡住视线。泡茶时，如果有头发掉落到茶具或操作台上客人会感觉很不卫生。

发型原则上要根据自己的脸形，要适合自己的气质，给人一种舒适、整洁、大方的感觉，不论长短，都要按泡茶时的要求进行梳理，如是短发，要求在低头时，头发不要落下挡住视线；如果是长发，泡茶时要将头发束起，否则将会影响操作。

图 4-6　得体的服饰

3.优美的手势（图4-7）

作为茶艺人员，首先要有一双纤细、柔嫩的手，平时要注意适时地保养，随时保持清洁、干净，因为在泡茶的过程中，客人的目光始终停留在你的手上看泡茶的全过程，因此服务人员的手极为重要。

图4-7　优美的手势

指甲要及时修剪整齐，保持干净，不留长指甲。

4.姣好的面部

脸部的化妆不要太浓，也不要喷味道浓烈的香水，茶香被破坏不说，与茶叶给人的感觉总是不一致的。为客人泡茶时，可化淡妆。

平时要注意面部护理、保养，保持清新健康的肤色。在为客人泡茶时面部表情要平和放松，面带微笑。

四、茶席设计的概念

茶席的设计实例只限于狭义的茶席，也就是以泡茶席而言。因为泡茶席的应用是品茗环境的基础，从小空间的泡茶席到大面积的茶室、茶庭，都需要有个泡茶、品饮、奉茶的基地，所以在品茗环境的设计上都是从泡茶席谈论起。

五、茶席设计的命题

设计一个新的泡茶席，或是更新一个原有的泡茶席，事先确定个主题有助于茶席各个部分或各个因子的统一与协调，大家向着一个目标前进。这个主题可以以季节为标的，如表现春天、夏天、秋天或冬天的景致；可以以茶的种类为标的，如为碧螺春设计茶席，为铁观音、红茶、普洱茶设计茶席；可以为春节、中秋或新婚设计茶席；可以以"空寂""浪漫""闲富贵"为表现的主题。有次泡茶师们参与的茶艺展就被定名为"茶与石的对话"，还有一次茶艺展则取名为"茶与乐的对话"。当然也可以是个抽象的意境。

关键审核标准是：①主题概括鲜明；②文字精练简洁；③立意表达含蓄；④想象富有诗意。

如果泡茶席是设在客厅的一角，或是参加茶艺展，大家的泡茶席都设在一个大空间之内，就必须考虑到与隔邻茶席的区隔，使既不影响整体的美观、又不妨碍旁边茶席的观瞻，也照顾到了自己茶席的完整性。

如泡茶席设在自己的茶屋内，希望凸显泡茶者的位置，或是为区隔水屋与泡茶、奉茶的地方，就可以以屏风、盆栽、竹帘等作为隔离的方法。

【体验园】

以小组为单位，收集一个主题茶艺表演视频，从茶艺表演的流程与服务的角度与同学们分享。

知识拓展

茶席设计中铺垫的方法

茶席设计中，铺垫是常用的手法。铺垫的材质、形式、色彩选定之后，铺垫的方法便是获得理想效果的关键所在。铺垫的基本方法有平铺、叠铺、立体铺等。

1. 平铺

平铺，又称基本铺，是茶席设计中最常见的铺垫。即用一块横直都比桌（台、几）大的铺品，将四边垂沿遮住的铺垫。垂沿，可触地遮，也可随意遮。平铺，也可不遮沿铺，即在桌（台、几）铺上比四边线稍短一些的铺垫。平铺还是叠铺形式的基础，如三角铺、手工编织铺、对角铺等都是以平铺为再铺垫的基础。平铺适合所有题材的器物的摆置。被称为"懒人铺"，对于质地、色彩、纹饰、制作上有缺陷的桌（台、几），平铺还能起到某种程度的遮掩作用。在正面垂沿下，若再缝以色彩鲜明的流苏、绳结及其他饰物，会使平铺更具艺术性。

2. 叠铺

叠铺，是指在不铺或平铺的基础上，叠铺成两层或多层的铺垫。叠铺属于铺垫中最富层次感的一种方法。叠铺最常见的手段，是将纸类艺术品，如书法、国画等相叠铺在桌面上。另外，也可由多种形状的小铺垫叠铺在一起，组成某种叠铺图案。

3. 立体铺

立体铺，是指在织品下先固定一些支撑物，然后将织品铺在支撑物上，以构成某种物象的效果，如一群远山及山脚下连绵的草地，或绿水从某处弯弯流下等，然后再在面上摆置器件。立体铺属于更加艺术化的一种铺垫方法。它从茶席的主题和审美的角度设定一种物象环境，使观赏者按照营造的想象去品味器物，这样会比较容易地传达出茶席设计的理念。同时，画面效果也比较富有动感。立体铺一般都用在地铺中，表现面积可大可小。大者，具有一定气势；小者，精巧而富有生气。立体铺，对铺垫的质地、色彩要求比较严格。否则，就很难形成理想的物象效果。

任务 2　茶艺师化妆

学习目标

- 明确茶艺师化妆要求。
- 熟悉化淡妆的技巧。

任务准备

1. 请准备一个化妆的视频。
2. 请准备茶艺师化妆的图片。

相关知识

化妆，是一种通过对美容用品的使用，来修饰自己的仪容，美化自我形象的行为。简单地说，化妆就是有意识、有步骤地来为自己美容。化妆是生活中的一门艺术，适度而得体的化妆，可以体现女性端庄、美丽、温柔、大方的独特气质。在参加茶道活动时，适当的化妆有助于改善仪表，特别是在进行表演型茶艺活动时，人们的注意力集中于表演者，合适的化妆是形成表演美的手段。化妆的目的是突出容貌的优点，掩饰容貌的缺陷。但是茶艺活动要求不过分地化妆，宜化淡妆，使五官比例匀称协调，在化妆时一般以自然为原则，使其恰到好处。

一、化妆的原则

1. 美化

化妆意在使人变得更加美丽，因此在化妆时要注意适度矫正，修饰得法，使人化妆后避短藏拙。在化妆时不要任意发挥，寻求新奇，有意无意让自己老化、丑化、怪异化。

2. 自然

通常，化妆既要求美化、生动、具有生命力，更要求真实、自然。化妆的最高境界，是"妆成有却无"。既没有人工美化的痕迹，又好似天然若此的美丽。

3. 得法

化妆虽然讲究个性化，但却必须学习如何化妆。比方说，工作时宜化淡妆，社交时化妆可以稍浓些，香水不宜涂在衣服上和容易出汗的地方，口红与指甲油最好为一色等。

4. 协调

高水平的化妆，强调的是其整体效果。所以在化妆时，应努力使妆面、全身、身份、场合都协调，以体现出自己品位不俗。

二、化妆的基本步骤

茶道更看重的是气质，所以表演者应适当修饰仪表。一般的女性可以化淡妆，表示对客人的尊重，以恬静素雅为基调，切忌浓妆艳抹，有失分寸。来自内心世界的美才是最高境界。

1. 调理皮肤

先洗好脸，用化妆棉蘸化妆水轻拍肌肤，待化妆水干后再依序抹上精华液、乳液、霜或隔离霜，定期做好角质管理及按摩，以帮助血液循环良好，好的肤质可让妆容更加亮眼。

2. 上隔离霜及粉底

粉底附有透气、持久、保湿、控油的功能。打底时最好使用海绵，切勿用手，因为手无法服帖，推出来的妆效会厚薄不均，使用海绵才能使粉底在肌肤上均匀地推开。依肤色选择隔离霜及粉底液颜色，先将两者1∶1混合，再将霜粉抹在额头、两颊、鼻梁和下巴，再用海绵由内向外抹匀，特别注意发际、鼻侧、鼻翼下、唇角和眼角处。

3. 定妆

打好底妆后，最好再上一层蜜粉或两用粉饼，具有定妆的效果，让肌肤完美如玉。

4. 画眉

以自然眉型为主，先用细眉笔顺着眉型画出来，再用眉刷将颜色均匀刷开。

5. 眼影

眼睛是脸上最引人注意的部位，因为茶是淡雅的事物，眼影色彩应力求清淡，所以颜色不宜过重，更不可浓妆艳抹。最安全的做法是，使用以下的粉嫩色系，如粉蓝、粉红、粉紫。使用方法：在眼窝处先打底，由内眼角沿睫毛向上向外描绘，以不超过眉角和眼角连线为宜，再在上眼睑 1/3 处开始向外画上第二个颜色，宽度以稍微超过眼皮为原则。涂眼影时，以眼球最高处为线涂暗色，越靠眼睑处越深，越向眉毛处越浅。

6. 画眼线

比较特别或正式的场合还可加上眼线，使眼睛更加明亮、有神，增加立体感。用眼线笔勾描上、下眼线。画的方式为最靠近眼睫毛处，由外往内画线，再由内往外画出向上拉、提的线条。

7. 刷睫毛膏

画完眼影记得一定要擦上睫毛膏，卷翘浓密的睫毛，除增添双眸神采外，还会让你的眼睛看起来更大、更有精神。睫毛膏刷好后应先不用力眨眼，最好保持固定不动，以免沾染到脸上，睫毛膏快干时可用睫毛梳将多余部分清除，睫毛梳也有定型的效果。

8. 唇膏

它是最有精神的点缀，也是女性化的象征，女人若是没有口红，就会失去光彩。所以口红一定要擦，颜色选择不能过于艳丽，透明的自然风格，粉嫩色系的口红或者唇蜜，都能为你的美丽加分。使用方法：用唇笔先描好唇形，再顺着唇形涂好唇膏，加上唇蜜显得润泽。

9. 涂腮红

涂腮红既能调整脸型，又能使面部呈现出红润健康和立体感。腮红的颜色要与眼影、口红色彩相对统一。涂腮红时内侧不超过眼睛的中线，外侧不超过耳中线。方法：用大号毛刷从颧骨向鬓发方向刷，颊下侧从鬓发边向颧骨方向刷。腮红不宜涂得太浓，不能看出明显界限，应与眼角处保留一手指宽度。

10. 检查

整个妆完成后，记得做最后的检查，在光线较明亮的地方看看自己，有没有不均匀的情形，脖子跟脸上的肤色会不会差很多？如果一切完美无瑕，那么，打扮自己的任务就完成了。

【体验园】

以小组为单位，根据收集一个主题茶艺表演视频，从茶艺表演的流程与服务的角度与同学们分享。

知识拓展

茶艺服务员形象的基本要求

为了更好地体现茶叶的灵性，展示茶艺之美，演绎茶文化的丰富内涵，在进行茶艺服务时就要体现出"礼、雅、柔、美、静"的基本要求。

1. 礼

在服务过程中，要注意礼貌、礼仪、礼节，以礼待人，以礼待茶，以礼待器，以礼待己。

2. 雅

茶乃大雅之物，尤其在茶艺馆这样的氛围中，服务人员的语言、动作、表情、姿势、手势等都要符合雅的要求，努力做到言谈文雅，举止优雅，尽可能地与茶叶、茶艺、茶艺馆的环境相协调，给顾客一种高雅的享受。

3. 柔

茶艺员在服务时，动作要柔和，讲话时语调要轻柔、温柔、温和，展现出一种柔和之美。

4. 美

主要体现在茶美、器美、境美、人美等方面。茶美，要求茶叶的品质要好，货真价实，并且要通过高超的茶艺把茶叶的各种美感表现出来。器美，要求茶具的选择要与冲泡的茶叶、客人的心理、品茗环境相适应。境美，要求茶室的布置、装饰要协调、清新、干净、整洁，台面。茶具应干净、整洁且无破损等。茶、器、境的美，还要通过人美来带动和升华。人美体现在服装、言谈举止、礼仪礼节、品行、职业道德、服务技能和技巧等方面。

5. 静

主要体现在境静、器静、心静等方面。茶艺馆最忌喧闹、喧哗、嘈杂之声，音乐要柔和，交谈声音不能太大。茶艺员在使用茶具时，动作要娴熟、自如、柔和，轻拿轻放，尽可能不使其发出声音，做到动中有静，静中有动，高低起伏，错落有致。心静，就是要求心态平和，心平气和。茶艺员的心态在泡茶时能够表现出来，并传递给顾客，表现不好，就会影响服务质量，引起客人的不满。因此，管理人员要注意观察茶艺员的情绪，及时调整他们的心态，对情绪确实不好且短时间内难以调整的，最好不要让其为顾客服务，以免影响茶艺馆的形象和声誉。

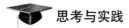 **思考与实践**

如何为同学化生活妆？以小组为单位，选出模特，列出化妆步骤，并将过程拍摄成一个小视频。

任务评分资料库

茶艺师化妆评分表

序号	测试内容	测评标准	评判结果			
			优	良	合格	不合格
1	准备	准备的用品齐全。				
2	洗脸	洗脸时，动作轻柔，不能击发出水声。				
3	化妆水	（1）轻轻拍打面部，促其充分吸收。				
		（2）由下至上、至外，手法要轻柔，最后轻轻拍打面部，促其充分吸收。				
		（3）眼睛周围要用按压的方式。				
4	定妆	（1）让粉底液晶莹剔透，要用按和推的方式。				
		（2）把粉扑上的粉揉开，让粉扑上的粉均匀。				
		（3）T字区定妆（所谓T字区就是：额头、眼睛下面、鼻梁、下巴）会让你的五官有立体的效果。				
5	睫毛	（1）自然、卷翘。				
		（2）卷翘达到80度。				
6	涂腮红	涂腮红的同时应注意修饰脸的其他部位，如额和下颌。				
7	口红	（1）颜色稍红，不能用大红色。				
		（2）涂色均匀。				

任务 3 茶艺师仪态

学习目标

- 能描述茶艺师仪态的基本要求。
- 将各项动作融进与客人的交流中。

任务准备

1. 请准备一个茶艺师仪态训练的视频。
2. 请准备茶艺师服务的图片。

相关知识

仪态指人行为中的姿势与风度，可分为静态与动态的仪态。姿势包括站立、行走、就座、手势和面部表情等，风度是内在气质的外部表现。仪态可通过适当的训练进行提高，在礼仪动作的训练中达到提高个人仪态、风度的目的。从中国传统的审美角度来看，人们推崇姿态的美高于容貌之美。古典诗词文献中形容绝代佳人有"一顾倾人城，再顾倾人国"的句子，顾即顾盼，是秋波一转的样子。或者说某一女子有林下风致，就是指她的风姿迷人，不带一丝烟火气。茶艺表演中的姿态也比容貌重要，需要从坐、立、跪、行等几种基本姿势练起。

一、静态过程中的姿态艺术美

1. 站姿（图 4-8）

茶艺表演中的仪态美，是由优美的形体姿态来体现的，而优美的姿态又是以正确的站姿为基础的。站立是人们日常生活、交往、工作中最基本的举止，正确优美的站姿会给人以精力充沛、气质高雅、庄重大方、礼貌亲切的印象。

茶艺表演中的站姿要求身体重心自然垂直，从头到脚有一线直的感觉，取重心于两脚之间，不向左、右方向偏移。头虚顶，眼睛平视，嘴微闭，面带笑容，腋似夹球，呼吸自然。双臂自然下垂在体前交叉，右手虎口架在左手虎口上。站立时，要求女士脚呈"V"字形，双膝和脚后跟要靠紧，男士双脚张开与肩同宽，双手自然下垂。

图 4-8　站姿

2. 坐姿（图 4-9）

　　正确的坐姿给人以端庄、优美的印象。对坐姿的基本要求是端庄稳重、娴雅自如，注意四肢协调配合，即头、胸、髋三轴，与四肢的开、合、曲、直对比得当，便会形成优美的坐姿。

图 4-9　坐姿

　　坐姿要求端坐于椅子中央，占据椅子 2/3 的面积，不可全部坐满，上身挺直，更能体现出形体的挺直与修长，双腿并拢，双肩放松，头端正，下颌微敛。女士右手虎口在上交握双手置放胸前或面前桌沿，男士双手分开如肩宽，半握拳轻搭于前方桌沿。作为来宾，女士可正坐，或双腿并拢侧向一边侧坐，脚踝可以交叉，双手交握搭于腿根，男士可双手搭于扶手。

姿态优美需要身体、四肢的自然协调配合，茶艺表演对坐姿形态上的处理以对称美为宜，它具有稳定、端庄的美学特性。

坐姿是茶艺表演中常用的举止，在茶艺表演中坐姿一般分为四种：开膝坐与盘腿坐（男士）、并膝坐与跪坐。

跪姿是日本、韩国茶人的习惯，跪姿可分为跪坐、盘腿坐。

跪坐要求两腿并拢比膝跪坐在坐垫上，足背相搭着地，臀部坐在双足上，挺腰放松双肩，头正下颌微敛，双手搭于大腿上。

盘腿坐只限于男性，要求双腿向内屈伸相盘，挺腰放松双肩，头正下颌微敛，双手分搭于两膝。

3. 表情

在茶艺表演中，应保持恬淡、宁静、端庄的表情。一个人的眼睛、眉毛、嘴巴和面部表情肌肉的变化，能体现出一个人的内心，对人的语言起着解释、澄清、纠正和强化的作用，茶艺表演人要求表情自然、典雅、庄重，眼睑与眉毛要保持自然的舒展。

（1）目光眼神

目光眼神是脸部表情的核心，能表达最细微的表情。在社交活动中，是用眼睛看着对方的三角部位，这个三角是以两眼底为上线，嘴为下顶角，也就是双眼和嘴之间，当你看着对方这个部位时，会营造出一种社交气氛。在茶艺表演中更要求表演者神光内敛，眼观鼻，鼻观心，或目视虚空、目光笼罩全场。忌表情紧张、左顾右盼、眼神不定。

（2）微笑

微笑可以表现出温馨、亲切的表情，能有效地缩短双方的距离，给对方留下美好的心理感受，从而形成融洽的交往氛围，可以反映本人高雅的修养，待人的至诚。微笑有一种魅力，微笑可以吸引别人的注意，也可使自己及他人心情轻松，但要注意，微笑要发自内心，不要假装。

二、动态活动过程中的形态艺术美

茶艺表演特别重视人体动态的美感。优美的动作在于身体平衡，优雅的坐、行、动是良好行为举止的具体体现，茶艺表演中动态美的修习具有十分丰富的雅艺内容，下面进行简单介绍。

1. 走姿（图 4-10、图 4-11）

稳健优美的走姿可以使一个人气度不凡，产生一种动态美。标准的走姿是以站立姿态为基础，以大关节带动小关节，排除多余的肌肉紧张，以轻柔、大方和优雅为目的，要求自然。行走时，身体要平稳，两肩不要左右摇摆晃动或不动，不可弯腰驼背，不可脚尖呈内八字或外八字，脚步要利落，有鲜明的节奏感，不要拖泥带水。

图4-10　走姿（1）

茶艺表演中走姿还需与服装的穿着相协调。根据穿着服装不同，有不同的走姿。

男士穿长衫时，要注意挺拔，保持后背平整，尽量突出直线；女士穿旗袍时也要求身体挺拔，胸微挺，下颌微收，不要弓腰撅臀。走路的幅度不宜大，脚尖略外开，两手臂摆动幅度不宜太大，尽量体现柔和、含蓄、妩媚、典雅的风格；穿长裙时，行走要平稳，步幅可稍大些，转动时要注意头和身体的协调配合，尽量不使头快速转动，要注意保持整体造型美，显出飘逸潇洒的风姿。

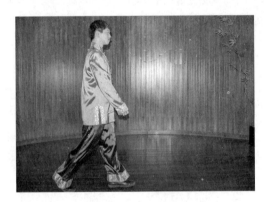

图4-11　走姿（2）

2. 转身

在走动过程中，向右转弯时右足先行，反之亦然，在来宾面前，先由侧身状态转成正身面对。离开转身时，应先退后两步再侧身转弯，不要当着宾客掉头就走。回应别人的呼唤，要转动腰部，脖子转回并身体随转，上身侧面，而头部完全正对着后方，眼睛是正视的。微笑着用眼看人，这种回头的姿态，身体显得灵活，态度也礼貌周到。

3.落座

入座讲究动作的轻、缓、紧，即入座时要轻稳，走到座位前自然转身后退，轻稳地坐下，落座声音要轻，动作要协调柔和，腰部、腿部肌肉需有紧张感，女士穿裙装落座时，应将裙向前收拢一下再坐下。起立时，右脚抽后收半步，而后站起。

4.蹲姿（图4-12）

正确的方法应该弯下膝盖，两个膝盖并起来，不要分开的，臀部向下，上体保持直线。

图 4-12　蹲姿

单膝跪蹲时，左膝与着地的左脚成直角相屈，右膝与右脚尖同时点地。单膝跪蹲常用于奉茶。桌面较高时，可用单腿半跪式，即左脚向前跨膝微屈，右膝顶在左腿小腿肚处。

5.递物和接物

递物的一方要使物品的正面对着接物的一方。递笔、刀剪之类尖利的物品时，需将尖头朝向自己，握在手中，而不要指向对方。接物时除用双手外，应同时点头示意。

【体验园】

下面就茶艺表演过程中仪态的要求，附表格说明几个主要动作的练习方法及标准。

序号	步骤	操作方法与说明	服务标准
1	微笑迎宾	对着镜子,用手遮住鼻子以下部位。只看到自己的眼睛。自然地收紧眼光,并运动脸部肌肉。这时,嘴角会自然上扬。当眼光流露出自然笑意的时候,记住此时整个脸部肌肉的感受。	(1)令人愉悦的表情,光是提拉嘴角,只能给人"皮笑肉不笑"的印象。 (2)真正的微笑,来自内心。 (3)如果你的眼眸微笑,那么你的心也在微笑。
2	站姿	身体重心自然垂直,从头到脚有一线直的感觉,取重心于两脚之间,不向左、右方向偏移。头虚顶,腋似夹球,呼吸自然。	(1)男士正面看,脚跟相靠,脚尖分开,呈45°~60°;手指自然伸直、并拢,左手放在右手上,双目平视前方。 (2)女士双脚并拢,右手张开虎口略微握在左手上贴于腹前。 (3)正确优美的站姿会给人以精力充沛、气质高雅、庄重大方、礼貌亲切的印象。
3	行姿	上身正直,目光平视,面带微笑;颈直、肩平放松;行走时身体重心稍向前倾,腹部和臀部向上提,由大腿带动小腿向前迈进。步幅适中,约一个脚长,行走路线为直线。	(1)双手自然垂直,呈半握拳状。 (2)手臂自然前后摆动。手指自然弯曲,自然迈步。 (3)稳健优美的走姿可以使一个人气度不凡,产生一种动态美。
4	手势引领	手指自然并拢,左手或右手从胸前自然向左或向右前伸,随之手心向上,同时讲"请""谢谢""请观赏"等。	(1)"请进"用中位手势。 (2)"请坐""请用茶"用低位手势。
5	鞠躬送客	即弯腰行礼。行礼时,立正站好,保持身体端正。双手在前面相握,目视对方,面带微笑。鞠躬时,上体向前倾斜,同时配以问候语。	(1)男性手指伸直,女性微弯。 (2)鞠躬礼按照角度的大小,分为全礼和半礼。90°称全礼,45°称半礼,通常对尊贵的客人、长辈用全礼。

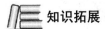 **知识拓展**

茶艺师仪态素养

　　一个合格的茶艺师不仅要有整齐的着装,而且要有优雅得体的举止。很多人认为,茶艺师的举止无非就是泡茶、品茶的动作组合,只要记好各种茶型的泡茶、品茶动作规范并准确无误地实施,就可以很好地完成茶艺师的职责。其实不然,茶艺师的举止不仅仅是泡茶、品茶的几个动作组合而已,它所体现的实际上是一种"道",不同的茶叶,其泡、品的方式不同,其中所包含的茶道也就不同。一个好的茶艺师应该做到以下三点:

　　(1)将泡茶、品茶的动作示范给大家,将动作组合的韵律感表现出来;

　　(2)将茶道和茶文化融合于自己的一举一动中,让品茶者在茶艺师的动作中

深刻体会茶文化的气息;

（3）将泡茶的动作融入与客人的交流中，增进客人对茶文化的了解，力求将客人与品茶环境以及茶文化融为一体。

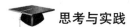 **思考与实践**

茶艺师在服务过程中，应如何表现出端庄的仪态?

任务评分资料库

茶艺师仪态评分表

序号	测试内容	测试标准	评判结果			
			优	良	合格	不合格
1	微笑	嘴角自然上扬。				
2	站姿	正确优美的站姿会给人以精力充沛、气质高雅、庄重大方、礼貌亲切的印象。				
3	行姿	（1）双手自然垂直，呈半握拳状。				
		（2）手臂自然前后摆动。手指自然弯曲，自然迈步。				
		（3）稳健优美的走姿可以使一个人气度不凡，产生一种动态美。				
4	手势	（1）"请进"用中位手势。				
		（2）"请坐""请用茶"用低位手势。				
		（3）手势正确，操作时水不溢出。				
5	坐姿	全身放松，端坐中央，身体重心居中，保持平稳。				
6	鞠躬	鞠躬礼按照角度大小，分为全礼和半礼。90° 称全礼，45° 称半礼，通常对尊贵的客人、长辈用全礼。				

任务4　茶席设计

- 能描述茶席设计的基本构成要素。
- 能通过茶席的摆设表现茶艺表演主题。

任务准备

1. 前置任务：

（1）为各小组指定茶席的类型，收集相关的图片进行介绍。

（2）准备一个主题茶席，能进行摆设介绍。

2. 安全小提示：

（1）茶具无破损。

（2）茶叶新鲜，插花、挂画摆放小心。

（3）展示时，随手泡摆放在不易碰撞之处，保证电源线板通电安全。

（4）各类大、小装饰品轻拿轻放。

相关知识

　　茶席设计是由几个基本的要素结构组成的，每个要素又有其构成的要素成分，它们都必须遵循一定的规律。由于人们生活和文化背景、思想、性格等方面的差异，在选择茶席的基本要素时会有所不同。

一、茶叶

　　茶，是茶席设计中的主角。一切的运作都以茶汤作为茶席设计规划的重心，因此茶叶是思想的基础。在一切茶文化以及相关的艺术表现形式中，茶既是源头，又是目标。茶的色彩影响茶席的整体色彩，茶的形状（图4-13）是茶席设计中艺术效果的最终体现。以茶叶为主题的茶席设计比比皆是。

图 4-13　茶叶外形

二、茶具组合（图4-14）

茶具组合是茶席构成的主体，其基本特征是实用性和艺术性相融合。一般的茶席里必须具备四大项茶具，包括主泡器，如盖碗、茶壶、玻璃杯等；辅助茶器，如品茗杯、公道杯、茶荷、茶巾、茶道六君子等；备水器，如随手泡、水瓶、废水皿等；储茶器，如茶叶罐、茶缸等。根据茶具的实用性和艺术性，按照一定的结构对茶具组合进行摆设，从而突出主题与内涵。

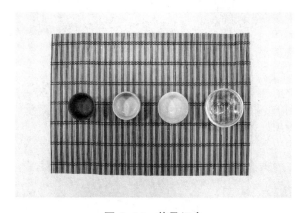

图 4-14　茶具组合

三、铺垫

铺垫，指的是茶席整体或布局物件摆放下的铺垫物，也是整个茶席色调的主导，可以选用不同质地的材料来充当，如布艺类、植物类等，都能烘托不同的主题与地域文化特征，这是铺垫的作用之一，而它的另一个作用是使茶席中的茶器不直接触及桌（地）面，以保持器物清洁。

四、茶席的四艺

茶席的四艺沿用了宋代的点茶、插花、挂画、焚香，而现代的茶席设计中，点茶为泡茶技巧，其他的三项也是必须考虑的基本要素。

插花（图4-15），是将自然界的鲜花、叶草为材料，通过艺术加工，在不同的线条和造型变化中，融入一定的思想和情感而完成的花卉的再造形象。茶席中的插花，是为体现茶的精神，追求崇尚自然、朴实秀雅的风格而做的，其基本特征是：简洁、淡雅、小巧、精致。只需通过插一两枝便能在茶席中起到画龙点睛的效果；注重线条，构图的美和变化，以达到朴素大方，清雅绝俗的艺术效果。

图4-15　插花

焚香，在茶席中，它不仅作为一种艺术形态融于整个茶席中，还以美好的气味弥漫于茶席四周的空间，使人在嗅觉上获得非常舒适的感受，从而使品茶的内涵变得更加丰富多彩。图4-16为香炉。

图4-16　香炉

挂画，茶席中的挂画，是悬挂在茶席背景环境中书与画的统称。在茶席中，能帮助主人表达他的茶道思想，让欣赏茶席的友人能融入整体环境中，从而理解主人挂画的用意。挂画中书以汉字书法为主，画以中国画为主。

五、其他辅助用品（图4-17）

相关工艺品，能有效地陪衬、烘托茶席的主题，还能在一定的条件下，对茶席的主题起到深化的作用。茶点茶果，是对在饮茶过程中佐茶的茶点、茶果和茶食的统称，能体现主人的用心与细心。其主要特征是：分量较少，体积较小，制作精细，样式清雅。背景或是布景，能使观赏者更准确获得茶席主题所传递的思想内容。

图4-17 辅助工艺品

六、茶席布置实例

竹，在我国有悠久的历史，自从有文字记载，便有竹的记载，如《易经》《书经》《诗经》《礼记》《周礼》《尔雅》《山海经》等书中，都有关于竹的记载。

以竹韵为主题，选用竹叶青为茶品，进行茶席布置。

序号	步骤	操作方法与说明
1	主题茶席构图设计	根据竹叶青的品质特征，选用青瓷盖碗进行茶席布置。简单勾画草图。
2	准备工作	根据茶席设计技巧特点准备物品、背景、茶词等。物品品种齐全；背景能突出主题；茶词能表现文化背景。
3	摆设茶具组合等物品	根据主题摆放茶席物品，注重茶席的美观性和实用性；突出"竹"的文化色彩。

续表

序号	步骤	操作方法与说明
4	展示设计成果并介绍茶席主题	动态演示中把握好"旋律"与"节奏";选择的服饰与主题相搭配,语言表述清晰。
5	收具	将所有的背景、茶图、茶具归位;卫生达标。

【体验园】

以小组为单位,介绍茶席中环境的作用。

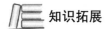 知识拓展

茶席中的插花与茶点

茶席中的插花是一个重要元素,插花是美感的焦点,花的选择要尽量采用季节花材为主体,如秋冬的梅花、菊花,表现时令季节,别有一番滋味。

茶点则是以不破坏茶香、茶味为主,以精细顺口,彰显主人食用的典雅。茶点最好是以茶为主料,配以面食等,这样便可体现主人以茶为主题的奇思妙想。

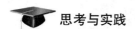 思考与实践

以四季为主题,进行茶席设计,完成茶席文案的撰写。

任务评分资料库

茶席布置评分表

序号	技能	评判结果		
		优	良	合格
1	小组合理分工,独立完成工作任务。			
2	达到茶席设计的一般结构方式。			
3	轻拿轻放,尽可能降低声响;同时与茶艺表演需要的物品相吻合。			
4	注重茶席的美观性,色彩搭配合理,注重实用性;主题概括鲜明。			
5	音乐选择能反映主题。			

序号	技能	评判结果		
		优	良	合格
6	服装符合文化背景，大方得体。			
7	茶词能反映整个茶席设计的主题与文化背景。			

项目2 盖碗绿茶

情境引入

四月的天，春意已去，夏天的气息逐步接近。沁意茶艺馆来了三位客人，他们坐下后点了碧螺春、龙井、信阳毛尖，茶艺师小兰选用盖碗为主泡器，为他们进行了冲泡。于是，一桌子客人就围绕这三种茶聊开了。

任务1 绿茶的品质特征与功效

学习目标

●能描述绿茶的品质特征、品种、传说与功效。

任务准备

1.请准备一个制作绿茶的视频。
2.请准备各类绿茶，介绍它的功效。

一、绿茶的传说

元朝末年，朱洪武率领农民起义，羊楼洞茶农从军奔赴新（疆）蒙（古）边城。他们在军中见有人饭后腹痛，便将带去的蒲圻绿茶给病者服用。服后，患者相继病愈。这件事被朱洪武得知，便记在了心里。当了皇帝后，朱洪武和宰相刘基到蒲圻找寻隐士刘天德，恰遇在此种茶的刘天德长子刘玄一。刘玄一请朱皇帝赐名。朱洪武见茶叶翠绿，形似松峰，香味俱佳，遂赐名"松峰茶"，又将长有茶叶的高山命名为松峰山。明洪武二十四年（1391），太祖朱元璋因常饮羊楼松峰茶成习惯，遂诏告天下："罢造龙团，唯采茶芽以进。"至此，刘玄一成为天下第一个做绿茶的人，朱元璋成为天下第一个推广绿茶的人，羊楼洞成为天下最早做绿茶的地方。图4-18为绿茶外形。

图4-18　绿茶

二、绿茶的功效

绿茶在我国被誉为"国饮"，它较多地保留了鲜叶内的天然物质。其中茶多酚、咖啡因保留鲜叶的85%以上，叶绿素保留50%左右，维生素损失也较少，从而形成了绿茶"清汤绿叶，滋味收敛性强"的特点。现代科学研究证实，茶叶确实含有与人体健康密切相关的生化成分，茶叶不仅具有提神清心、清热解暑、消食化痰、去腻减肥、清心除烦、解毒醒酒、生津止渴、降火明目、止痢除湿等药理作用，还对现代疾病，如辐射病、心脑血管病、癌症等疾病有一定的药理功效。茶叶具有药理作用的主要成分是茶多酚、咖啡因、脂多糖、茶氨酸等。

【体验园】

以小组为单位，选择炒青绿茶、蒸青绿茶进行冲泡，并介绍茶汤的香气、滋味、茶叶在汤中的形状。

📚 **知识拓展**

1.高山绿茶和平地绿茶的区别

高山绿茶外形条索厚重，色绿、富光泽；泡出的茶汤色泽绿亮，香气持久，滋味浓厚，叶底明亮，叶质柔软。平地绿茶外形条索细瘦、露筋、轻薄，色黄绿；泡出的茶汤色清淡，香气平淡，滋味醇和，叶质较硬，叶脉显露。

2.绿茶粉（图4-19）

绿茶粉是把绿茶采用瞬间粉碎法，粉碎成100~200目以上的绿茶粉末，最大限度地保持茶叶原有的天然绿色以及营养、药理成分，不含任何化学添加剂，除供直接饮用外，可广泛添加于各类面制品（如蛋糕、面包、挂面、饼干、豆腐），冷冻品（如奶冻、冰激凌、速冻汤圆、雪糕、酸奶），糖果巧克力、瓜子、月饼专用馅料，医药保健品及日用化工品等之中，以强化其营养保健功效。

图4-19　绿茶粉

绿茶粉不是抹茶，两者看上去都是绿色粉末，但实质上是有很大区别的。日本的绿茶粉大多用球磨机粉碎，慢速粉碎，中国大多用瞬间粉碎法，速度快，产量高，而抹茶一定使用天然石磨碾磨。二者在品质上有很大区别，没有加过色素的绿茶粉往往呈黄褐色，味苦涩。

任务2　盖碗绿茶茶艺表演

学习目标

● 能为宾客进行盖碗茶艺表演。

任务准备

1. 前置任务：

（1）请准备一个制作绿茶的视频。

（2）请准备各类绿茶，介绍它的功效。

2. 安全与其他注意事项：

（1）茶具无破损。

（2）茶叶新鲜。

（3）表演时，随手泡摆放在不易碰撞之处，保证电源线板通电安全。

（4）随手泡装水七分满，以防止沸水溢出烫伤表演者或造成电源线板短路。

（5）斟茶时，避免茶水溅落到客人身上。

相关知识

用盖碗泡茶，因盖碗为白瓷制作，故有不吸味、导热快等优点。使用盖碗泡绿茶，也是最传统的泡法，同时也注意了茶叶的投置量。

（1）表演盖碗绿茶所需茶具（图4-20）：茶船、盖碗（三个）、茶具组、废水皿、储茶器、茶荷、茶巾、铜质水壶。

（2）茶叶：信阳毛尖。

图4-20　盖碗绿茶茶具组合

盖碗绿茶表演程序：

步骤一：备具迎宾客

（1）操作方法与说明

①布置好茶桌，将茶具摆放好。

②行走进入表演场，两脚间距约20厘米。

③以并脚的姿势站定，向宾客行45°鞠躬礼。

④神情自然，微笑甜美。

（2）动作标准

①茶具齐全，摆放合理。

②走姿端庄，步伐轻盈，挺胸收腹。

③站姿时，头要正，下颚微收，挺胸收腹，双脚跟合并。

步骤二：净手宣茶德

（1）操作方法与说明

①茶艺师助手用茶盘端出装了七分满水的青花瓷器皿，茶巾置于器皿旁。

②茶艺师转身，双手轻轻放入水中，左右两手上下贴着转一圈后，双手轻轻抖动一下。

③茶艺师双手拿起茶巾，右手正反轻擦拭，左手同样，再将茶巾放入茶盘中。

（2）动作标准

洗手时，动作轻柔，不能击发出水声。

步骤三：焚香（图4-21）敬茶圣

（1）操作方法与说明

①茶艺师左手拿火柴盒，右手拿火柴，轻划，点燃火柴。

②茶艺师左手拿香，右手用火柴点燃香后，轻轻摇动燃香，熄灭火。

图4-21 焚香

③茶艺师右手手指搭着左手手指，拇指夹紧香，心怀敬意，弯腰45°，向茶圣敬香。

④茶艺师双手持香，将香插进香炉中。

（2）动作标准

①点香一次成功。

②茶艺师弯腰敬香时腰身挺直。

③插香时，香笔直。

步骤四：铜壶储甘泉

（1）操作方法与说明

①茶艺师助手以提梁壶的手势端出铜壶。

②茶艺师助手将铜质水壶置于茶桌的右上角。

（2）动作标准

①茶艺师助手提壶手势为兰花指。

②茶艺师助手放置铜质水壶时不发出声音。

③铜质水壶壶嘴与正面倾斜呈30°。

步骤五：静赏毛尖姿

（1）操作方法与说明

①茶艺师从储茶罐中取出茶样置于茶荷中。

②双手奉起茶荷，从左往右向宾客展示茶叶。

（2）动作标准

①取茶时，茶叶不可洒落茶桌。

②茶荷从左往右时，处于同一水平，高度一致。

③展示速度适中。

步骤六：神泉暖"三才"

（1）操作方法与说明

①茶艺师右手提起铜壶，左手掀开"三才"碗盖，采用高冲法（图4-22）冲水入碗。

②左手揭盖，右手持碗，旋转手腕洗涤盖碗。

③冲洗杯盖，滴水入碗托。

④左手加盖于碗上，右手持碗，左手将碗托中的水倒入废水皿。

⑤用茶巾擦干碗盖残水。左手将"三才"盖打开斜搁置碗托上。

（2）动作标准

①高冲时，水不可外溢。

②操作时，动作轻柔。

③水温为90℃左右。

图4-22　高冲水

④茶具干净，无茶迹、水痕。

步骤七：入杯吉祥意

（1）操作方法与说明

①茶艺师右手用茶则从储茶器中取出毛尖置于茶荷，用茶匙将茶叶分别投入盖碗内，铺满碗底。

②投茶时，按照从左到右的顺序进行（图4-23）。

图4-23　投茶

（2）动作标准

①拨茶时，茶叶不可散落桌面。

②投茶量为3克左右。

③投茶按照从左到右的顺序进行。

步骤八：毛尖露芳容（图4-24）

（1）操作方法与说明

①茶艺师右手提壶，左手轻按壶盖，往盖碗倒入 1/3 水，盖好碗盖。

②按照从左到右的顺序进行操作。

图 4-24 "露芳容"

（2）动作标准

①倒水时，提壶不宜过高，水柱纤细。

②茶叶全部浸泡于水中。

③按照从左到右的顺序。

步骤九：回青表敬意

（1）操作方法与说明

①茶艺师右手揭开碗盖，将其斜搁置碗托上。

②左右两边的盖碗以"凤凰三点头"（图4-25）法冲入七分水。

图 4-25 "凤凰三点头"

③中间一碗采用"高山流水"法冲泡。

（2）动作标准

①冲水时不能直接往碗中心倒入。

②茶汤为七分满。

③茶汤不可溅出碗外。

步骤十：敬奉一碗茶

（1）操作方法与说明

①茶艺师将左右两边的"三才"碗置于茶盘上，中间一碗置于茶桌中。

②在茶艺师助手的协助下，茶艺师双手拿起碗托将茶敬奉给宾客（图4-26）。

图4-26 奉茶

（2）动作标准

①奉茶时盖碗平稳。

②盖碗正面面向宾客。

③面带微笑。

步骤十一：品味毛尖汤

（1）操作方法与说明

①茶艺师双手托起"三才"碗，右手揭开碗盖，轻拨茶面。

②右手将碗盖置于鼻前，轻轻扫过，以嗅其香。

③将盖碗置于身前，观赏茶汤色泽。

④品茗茶汤（图4-27）。

图 4-27 品茗

（2）动作标准

①轻拨茶面时，将茶渣拨开。

②盖碗的高度与胸口平齐。

③分三次品茗茶汤。

步骤十二：谢礼表真意

（1）操作方法与说明

①茶艺师将分散在茶桌面的茶具，按从左往右的顺序收于茶桌中间。

②向宾客表示感谢。

（2）动作标准

①等客人离座后，茶艺师收拾茶台。

②茶具清洗干净，并归位（图4-28）。

图4-28 收具

【体验园】

以小组为单位，用玻璃杯进行绿茶茶艺表演。

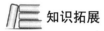知识拓展

辨别真假信阳毛尖

信阳毛尖为中国十大名茶之一，河南省著名特产。信阳毛尖素来以"细、圆、光、直、多白毫、香高、味浓、汤色绿"的独特风格而饮誉中外，具有生津解渴、清心明目、提神醒脑、去腻消食等多种功能。

真假信阳毛尖差异	
信阳毛尖	汤色嫩绿、黄绿、明亮，香气高爽、清香，滋味鲜浓、醇香、回甘。芽叶着生部位为互生，嫩茎圆形、叶缘有细小锯齿，叶片肥厚绿亮。真毛尖无论陈茶、新茶，汤色俱偏黄绿，且口感因新陈而异，但都是清爽的口感。
替代品	汤色深绿、浑暗，有苦臭气，并无茶香，且滋味苦涩、发酸，入口感觉如同在口内覆盖了一层苦涩薄膜，异味重或淡薄。茶叶泡开后，叶面宽大，芽叶着生部位一般为对生，嫩茎多为方形，叶缘一般无锯齿，叶片暗绿薄亮。

思考与实践

绿茶茶艺表演过程中，需要了解绿茶的地域文化，有哪些作用？为什么？

任务评分资料库

盖碗绿茶茶艺表演评价表

序号	测试内容	测评标准	评价结果		
			优	良	合格
1	姿态	（1）茶具齐全，摆放合理。			
		（2）走姿端庄，步伐轻盈，挺胸收腹。			
		（3）站姿时，头要正，下颚微收，挺胸收腹，双脚跟合并。			
		（4）微笑亲和力好，端庄。			
2	净手	洗手时，动作轻柔，不能击发出水声。			

续表

序号	测试内容	测评标准	评价结果		
			优	良	合格
3	焚香	（1）点香一次成功。			
		（2）茶艺师弯腰敬香时腰身挺直。			
		（3）插香时，香笔直。			
4	温具	（1）茶艺师助手提壶手势为兰花指。			
		（2）茶艺师助手放置铜质水壶时不发出声音。			
		（3）铜质水壶壶嘴与正面倾斜呈30°。			
5	赏茶	（1）取茶时，茶叶不可洒落茶桌。			
		（2）茶荷从左往右时，处于同一水平，高度一致。			
6	温具	（1）高冲时，水不可外溢。			
		（2）操作时，动作轻柔。			
		（3）水温为90℃左右。			
		（4）茶具干净，无茶迹、水痕。			
7	置茶	（1）拨茶时，茶叶不可散落桌面。			
		（2）投茶量为3克左右。			
		（3）投茶按照从左到右的顺序。			
8	浸润	（1）倒水时，提壶不宜过高，水柱纤细。			
		（2）茶叶全部浸泡于水中。			
		（3）按照从左到右的顺序。			
9	冲泡	（1）冲水时不能直接往碗中心倒入。			
		（2）茶汤为七分满，茶汤不可溅出碗外。			
10	奉茶	（1）奉茶时盖碗平稳。			
		（2）盖碗正面面向宾客，面带微笑。			
11	品茶	（1）轻拨茶面时，将茶渣拨开。			
		（2）盖碗的高度与胸口平齐。			
		（3）分三次品茗茶汤。			

序号	测试内容	测评标准	评价结果		
			优	良	合格
12	收具	（1）等客人离座后，茶艺师收拾茶台。			
		（2）茶具清洗干净，并归位。			

项目3　铁观音

情境引入

　　十月，正是秋茶铁观音上市的日子。一旦有新茶推出，沁意茶艺馆的茶艺师们都特别开心，每年都可以尝鲜。不过随着人们饮食习惯的变化，如今的铁观音却也出现了焙火较重的品种。海珠湖在秋日的照耀下，显得格外的"暖"。老茶客伍先生带来了他的两位朋友和刚从安溪带回来的铁观音。茶艺师小兰与伍先生聊天后，知道是新茶，就选用了白瓷盖碗进行冲泡。坐下来后，他们都听起了伍先生说他在安溪的见闻。

任务1　铁观音的品质特征与功效

学习目标

•能描述铁观音的品质特征、传说与功效。

任务准备

1.请准备一个制作铁观音的视频。

2.请准备不同等级的铁观音，介绍它的功效。

相关知识

铁观音，产于福建省泉州市安溪县，发明于 1725—1735 年，属于乌龙茶类，是中国十大名茶之一。

一、安溪铁观音的品质特征

安溪铁观音是乌龙茶的极品，其品质特征是：茶条卷曲，肥壮圆结，沉重匀整，色泽砂绿，整体形状似蜻蜓头、螺旋体、青蛙腿。冲泡后汤色金黄浓艳似琥珀，有天然馥郁的兰花香，滋味醇厚甘鲜，回甘悠久，俗称有"音韵"。铁观音茶香高而持久，可谓"七泡有余香"。

二、关于铁观音的传说

1."魏说"——观音托梦

相传 1720 年前后，安溪尧阳松岩村（又名松林头村）有个老茶农魏荫（1703—1775），勤于种茶，又笃信佛教，敬奉观音。每天早晚一定在观音佛前敬奉一杯清茶，几十年如一日，从未间断。有一天晚上，他睡熟了，朦胧中梦见自己扛着锄头走出家门，他来到一条溪涧旁边，在石缝中忽然发现一株茶树，枝壮叶茂，芳香诱人，跟自己所见过的茶树不同。第二天早晨，他顺着昨夜梦中的道路寻找，果然在石隙间找到梦中的茶树。仔细观看，只见茶叶椭圆，叶肉肥厚，嫩芽紫红，青翠欲滴。魏荫十分高兴，将这株茶树挖回种在家中一口铁鼎里，悉心培育。因这茶是观音托梦得到的，故取名"铁观音"。

2."王说"——乾隆赐名

相传，安溪西坪南岩仕人王士让为清朝雍正十年副贡，乾隆六年（1741）曾出任湖广黄州府蕲州通判，曾经在南山之麓修筑书房，取名"南轩"。清朝乾隆元年（1736）的春天，王与诸友会文于"南轩"。每当夕阳西坠时，就徘徊在南轩之旁。有一天，他偶然发现层石荒园间有株茶树与众不同，就移植在南轩的茶圃，朝夕管理，悉心培育，年年繁殖，茶树枝叶茂盛，圆叶红心，采制成品，乌润肥壮，泡饮之后，香馥味醇，沁人肺腑。乾隆六年，王士让奉召入京，谒见礼部侍郎方苞，并把这种茶叶送给方苞，方侍郎闻其味非凡，便转送内廷，皇上饮后大加赞誉，并召见王士让询问，因此茶乌润结实，沉重似铁，味香形美，犹如"观音"，便赐名"铁观音"。

三、铁观音的功效

铁观音除具有一般茶叶的保健功能外，还具有抗衰老、抗癌症、抗动脉硬化、防治糖尿病、减肥健美、防治龋齿、清热降火，敌烟醒酒等功效。铁观音既是一种珍贵的天然饮料，又有很好的美容保健功能。经科学分析和实践证明，铁观音含有较高的氨基酸、维生素、矿物质、茶多酚和生物碱，有多种营养和药效成分，具有清心明目、杀菌消炎、减肥美容和延缓衰老，防癌症、消血脂、降低胆固醇，减少心血管疾病及糖尿病等功效，因此，铁观音受到东南亚各国茶叶爱好者的追捧。

【体验园】

以小组为单位，请区分铁观音与黄金桂、本山、毛蟹的特点，完成以下表格。

茶名	外形	色泽	滋味	汤色
铁观音				
黄金桂				
本山				
毛蟹				

知识拓展

1. 铁观音产地

安溪地处戴云山东南坡，戴云山支脉从漳平延伸县内，地势自西北向东南倾斜。境内有独立坐标的山峰522座，千米以上的高山有2461座。境内按地形地貌之差异，素有内外安溪之分，以湖头盆地西缘的五阆山至龙门镇跌死虎岭西缘为天然分界线，线以东称外安溪，以西称内安溪。外安溪地势平缓，多底山丘陵，平均海拔300~400米。内安溪地势比较高峻，山峦陡峭，平均海拔600~700米。

2. 铁观音的储存方法

关于铁观音的保存，一般要求低温和密封真空，这样在短时间内可以保证铁观音的色香味。不过，在实际的保存中，很多铁观音的爱好者会发现铁观音保存时间不长但色香味均不及开始泡饮。这是为什么呢？原因如下：茶叶发酵后的烘干程度。目前铁观音的制作技术朝轻发酵的方向转变，在轻发酵中，茶叶容易体现高昂的兰花香，茶汤也比较漂亮。但是要让干茶叶体现香气，一般情况下茶叶就不会烘得太干，茶叶含有一定的水分，这样的茶叶在后期保存时一定要注意茶叶的低温和密封，以减少水分在茶叶中的作用。如果茶叶烘得比较干，入手感觉很脆很干爽，这样的茶叶对低温的要求就比较低。

[资料来源：http://baike.baidu.com/view/21376.htm]

任务2 铁观音茶艺表演

学习目标

• 为宾客进行铁观音茶艺表演。

任务准备

1. 前置任务：

（1）请准备一个制作铁观音的视频。

（2）请准备不同等级的铁观音三种，介绍它的功效。

2. 安全与其他注意事项：

（1）茶具无破损。

（2）茶叶新鲜。

（3）表演时，注意用电安全。

（4）随手泡装水七分满，以防止沸水溢出烫伤表演者或造成电源线板短路。

（5）在进行茶艺操作时，不能让茶水洒出，尤其在将闻香杯中的茶汤转移到品茗杯时更要注意。

（6）在茶艺操作时，茶壶、随手泡、水壶的壶嘴不能对向前方，一般可指向操作者的左侧。

（7）在正式冲泡时，注水一定要做到水流连贯，提壶高冲，不断水，不洒水。

相关知识

安溪铁观音是乌龙茶的极品，茶香高而持久，可谓"七泡有余香"。因此，其一，要求冲泡的水必须是处于正滚开时，才能使热气将香气和"皇"气裹挟上来。当然质优的铁观音也有一定的底香的，那就是当你喝了凉的优质铁观音后，口腔照样有股清香保持着。其二，泡茶的投茶量与主泡器的容量相称，选用150ml的盖碗，其投茶量一般为8克。其三，一般是随泡随冲，质量一般的铁观音不宜长时间浸泡。只有质优的铁观音才可以浸泡，但其汤的质量也会有所改变。冲泡的时间必须掌握得恰到好处，目的是让冲泡出来的茶汤的质量最佳。其四，铁观音虽然讲究饮时的滋味，但更注重饮完后一段时间的回甘（就是所谓的韵）。优质铁观音，当你饮后，是一定会打嗝的。但打嗝的出现时间因人而异，常饮者、茶质量次一点的出现的时间会迟些。

所用茶具（图4-29）：盖碗、茶船、品茗杯、闻香杯、杯垫、公道杯、茶虑、储茶器、废水皿、茶具组、茶荷、茶巾、随手泡。

图4-29　安溪铁观音茶具组合

表演流程：

步骤一：丝竹和鸣迎嘉宾（图4-30）

（1）操作方法与说明

①布置好茶桌，将茶具摆放好。

②行走进入表演场，两脚间距约20厘米。

③以并脚的姿势站定，向宾客行45°鞠躬礼。

④神情自然，微笑甜美。

⑤茶艺师随着音乐声，用右手揭开闻香杯、品茗杯。

图4-30　迎宾

（2）动作标准

①茶具齐全，摆放合理。

②走姿端庄，步伐轻盈，挺胸收腹。

③站姿时，头要正，下颚微收，挺胸收腹，双脚跟合并。

④微笑甜美。

⑤闻香杯置于茶盘中间，两杯直接相距 1.5 厘米。

⑥品茗杯置于闻香杯后方，距离 1 厘米，品茗杯之间相距 1.5 厘米。

步骤二："三才"温暖暖龙宫（图 4-31）

（1）操作方法与说明

①茶艺师右手拿起随手泡，往盖碗轻倒入开水。

②右手的拇指和中指拿起盖碗的碗沿，食指抵住碗盖，将开水倒入公道杯中，放回原处。

③右手拿起公道杯，将水倒入废水皿。

图 4-31　温碗

（2）动作标准

温茶具的水量为盖碗的 1/3。

步骤三：精品鉴赏评干茶（图 4-32）

（1）操作方法与说明

①茶艺师从储茶罐中取出茶叶置于茶荷中。

②双手奉起茶荷，从左往右向宾客展示茶叶。

（2）动作标准

①取茶时，茶叶不可洒落茶桌。

②茶荷从左往右时，处于同一水平，高度一致。

图 4-32 赏茶

步骤四：观音入室渡众生

（1）操作方法与说明

①中间右手以兰花指的手势拿起茶匙。

②左手拿起茶荷，用茶匙将茶叶轻拨入盖碗中（图 4-33）。

图 4-33 投茶

（2）动作标准

投茶时，茶叶不可洒落茶桌。

步骤五：高山流水显音韵

（1）操作方法与说明

冲水时，右手拿起随手泡，左手轻搭在盖顶，缓缓以顺时针的方向画圆圈，可使叶和茶水上下翻动，充分舒展（图 4-34）。

图 4-34　提壶

（2）动作标准

①水不可溅出盖碗。

②提壶的高度不可过高。

步骤六：春风拂面刮茶沫

（1）操作方法与说明

用碗盖轻轻将漂浮的白泡沫，从右推向左（图 4-35）。

图 4-35　推沫

（2）动作标准

保持茶汤清新洁净。

步骤七：荷塘飘香破烦恼（图 4-36）

（1）操作方法与说明

右手拿起盖碗，将茶汤倒入公道杯中。

图 4-36　飘香

（2）动作标准

碗中的茶汤必须沥尽。

步骤八：凤凰点头表敬意

（1）操作方法与说明

提起随手泡，利用手腕的力量，上下提拉注水，反复三次（图 4-37）。

图 4-37　"凤凰三点头"

（2）动作标准

①茶叶在水中翻动。

②水不可溢出盖碗。

③两次提起的高度一致。

步骤九：沐淋瓯杯温茗杯（图 4-38）

（1）操作方法与说明

①右手拿起公道杯，将茶汤平均倒入闻香杯。如有剩水，倒入废水皿中。

②再用右手将闻香杯中的茶汤倒入品茗杯中。

图 4-38　沐淋瓯杯

（2）动作标准

①倒入闻香杯的茶汤为杯的七分满。

②杯的温度和茶汤的温度不会悬殊太多。

步骤十：茶熟香温暖心意（图 4-39）

（1）操作方法与说明

将浓淡适度的茶汤倒入公道杯中，散发出暖暖的茶香。

图 4-39　茶熟香温

（2）动作标准

沥尽茶汤。

步骤十一：公道正气满人间

（1）操作方法与说明

右手拿公道杯将茶汤逐一斟入闻香杯中。

（2）动作标准

闻香杯中的茶汤每一杯都是一样的（图4-40）。

图4-40　分茶

步骤十二：倒转乾坤溢四方

（1）操作方法与说明

右手反手拿起品茗杯倒扣在闻香杯上，用食指和中指将闻香杯夹紧，拇指按紧品茗杯，以最快的速度反转过来，并置于杯托上（图4-41）。

图4-41　倒转乾坤

（2）动作标准

①反转的高度适当。

②反转中，茶汤不可外溢。

步骤十三：一闻二品三回味（图4-42）

（1）操作方法与说明

①将满溢香气的对杯送给客人品尝。

②茶艺师用拇指、食指夹住闻香杯两侧，稍屈两指旋转闻香杯向上提，使茶汤都流入品茗杯中，双手合掌捧住闻香杯搓动数下。

③闻香之后，用中指和拇指端起品茗杯，用无名指托于杯底，食指和小指自由伸展（女性左手指托住杯底），观汤色。

④以持杯手的虎口对住嘴部，这样啜饮时嘴不外露，以示文雅。

图4-42 闻香

（2）动作标准

①提起闻香杯时，茶汤不外溢。

②品茗时，小手指不指向宾客。

③分三口喝完茶汤。

步骤十四：收具谢礼静回味（图4-43）

（1）操作方法与说明

①茶艺师将分散在茶桌面的茶具，按从左往右的顺序收于茶桌中间。

②向宾客表示感谢。

（2）动作标准

①等客人离座后，茶艺师收拾茶台。

②茶具清洗干净，并归位。

图 4-43　收具

【体验园】

以小组为单位，根据表演程式，分角色进行合作表演。

知识拓展

台湾冻顶乌龙茶简介

台湾冻顶乌龙茶（图 4-44）产自台湾省，茶区海拔 1000~1800 米，被誉为"茶中圣品"。冻顶乌龙茶茶汤清爽怡人，汤色蜜绿带金黄，茶香清新典雅，因为香气独特，据说是帝王级泡澡茶浴的佳品。在日本、中国和东南亚，均享有盛誉。冻顶乌龙茶产自台湾鹿谷附近冻顶山，山多雾，路陡滑，上山采茶都要将脚尖"冻"起来，避免滑下去，山顶叫冻顶，山脚叫冻脚。所以冻顶茶产量有限，尤为珍贵。

图 4-44　台湾冻顶乌龙茶

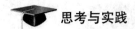 **思考与实践**

请讲述铁观音、台湾乌龙茶茶艺表演中的不同点？

任务评分资料库

铁观音茶艺表演评价表

序号	测试内容	测评标准	评价结果			
			优	良	合格	不合格
1	姿态	（1）茶具齐全，摆放合理。				
		（2）微笑甜美。				
		（3）走姿端庄，步伐轻盈，挺胸收腹。				
		（4）站姿时，头要正，下颚微收，挺胸收腹，双脚跟合并。				
		（5）闻香杯置于茶盘中间，两杯直接相距1.5厘米。				
		（6）品茗杯置于闻香杯后方，距离1厘米，品茗杯之间相距1.5厘米。				
2	温具	温茶具的水量为盖碗的1/3。				
3	赏茶	（1）取茶时，茶叶不可洒落茶桌。				
		（2）茶荷从左往右时，处于同一水平，高度一致。				
4	投茶	投茶时，茶叶不可洒落茶桌。				
5	洗茶	（1）提壶的高度不可过高。				
		（2）水不可溅出盖碗。				
		（3）茶汤清新洁净。				
		（4）碗中的茶汤必须沥尽。				
6	凤凰点头	（1）茶叶在水中翻动。				
		（2）水不可溢出盖碗。				
		（3）两次提起的高度一致。				

续表

序号	测试内容	测评标准	评价结果			
			优	良	合格	不合格
7	润茶	（1）杯的温度和茶汤的温度不会悬殊太多。				
		（2）倒入闻香杯的茶汤为杯的七分满。				
		（3）沥尽茶汤。				
8	倒转乾坤	（1）反转中，茶汤不可外溢。				
		（2）反转的高度适当。				
9	奉茶示饮	（1）提起闻香杯时，茶汤不外溢。				
		（2）品茗时，小手指不指向宾客。				
		（3）分三口喝完茶汤。				
10	收具	（1）等客人离座后，茶艺师收拾茶台。				
		（2）茶具清洗干净，并归位。				

项目4　凤凰单丛

情境引入

十月，正是秋茶凤凰单丛上市的日子。新茶一旦推出，沁意茶艺馆的茶艺师们都特别开心，每年都可以尝鲜。随着人们饮食习惯的变化，作为中国十大名茶中唯一的一个广东名茶凤凰单丛，茶艺师们在选用与冲泡中都带有一份故乡的情结。小花自小在潮州凤凰山长大，对凤凰单丛就像对待自己的朋友一样。海珠湖在秋日的照耀下，显得格外的"暖"。这天小花将家里寄来的凤凰单丛取出来与同事们分享，茶具用的都是她从小到大经常用的。在工作中，小花经常借冲泡凤凰单丛来解想念亲人之苦。

任务 1　凤凰单丛的品质特征及功效

■ 学习目标

●能描述凤凰单丛的品质特征、传说与功效。

■ 任务准备

1. 请准备一个制作凤凰单丛的视频。
2. 请准备不同香型的凤凰单丛，介绍它的特点。

■ 相关知识

中国十大名茶之一的潮州凤凰单丛（图4-45），产自中国乌龙茶之乡——凤凰镇，其地处广东省潮州市潮安县北部山区，是广东省最古老的茶区之一。凤凰山脉由数量众多的大小山峰和丘陵簇拥而成，这里有粤东第一高峰凤鸟髻山和国内稀有的四代天池之一的乌岽山天池，海拔320~1498米，属亚热带季风气候，气候温和，天气特点是日照短，云雾雨量多，冬春来得早，春寒去得迟，非常有利于茶叶的生长。

图 4-45　凤凰单丛

一、凤凰单丛的品种

单丛是凤凰茶的品质档次，即茶叶采用单株采摘，单丛制作，成茶达到色泽、香气、滋味、汤色俱佳的标准称为单丛。凤凰单丛是指在潮安县凤凰山的自然条件下，从水仙品种中选育出来的优异单株及其培育出来的品种、品系和株系，采用独特的加工工艺，采制而成的独具多种天然花香和特殊韵味品质的乌龙茶。根据不同的分类条件，凤凰单丛可以划分成不同的品种。

表 4-1　凤凰单丛的品种

划分的依据	品种
叶片的大小分	大叶种、中叶种、小叶种
按叶色分	乌叶、赤叶和白叶
按采摘期分	特早芽种、早芽种、中芽种和迟芽种
按成茶的香型分	黄枝香、芝兰香、玉兰香、蜜兰香、杏仁香、姜花香、肉桂香、桂花香、夜来香、茉莉香

目前，按成茶的香型分类是凤凰单丛分类最通行的分类方法。

二、凤凰单丛的品质特征

凤凰单丛的品质特征是：外形条索紧结，色泽乌褐明亮，香气幽雅，有细锐的芝兰花香，滋味醇厚鲜爽，回甘力强，汤色橙黄明亮，极耐冲泡，有明显的高山老枞"特韵"。香气具有天然花香，香高持久，滋味浓郁、鲜爽、甘润，具有独特的山韵蜜味，汤色清澈似茶油之色泽，叶底青蒂、绿腹、红镶边，耐冲泡，八泡有余香。

三、关于凤凰单丛的传说

传说南宋末年宋帝卫王赵昺，南逃路经乌岽山，口渴难忍，侍从识得茶能解渴，便从山上采得新鲜茶叶，让昺帝嚼食，嚼后生津止渴，精神倍爽，赐名为"宋茶"，后人称"宋种"，其茶树原称鸟嘴茶，生长在海拔 1000 米左右处草坪地的石山间。后人慕帝王赐名"宋茶"名声，争相传种，经过一代又一代长期繁衍种植，至清乾隆嘉庆年间（1736—1820），茶区初见端倪。同时由于凤凰单丛茶品质优良，便成为清朝廷贡品并列入中国名茶。

四、凤凰单丛的功效

1. 凤凰单丛的营养价值

凤凰单丛茶中含有机化学成分达 450 多种，无机矿物元素达 40 多种。茶叶中的有机化学成分和无机矿物元素含有许多营养成分和药效成分。有机化学成分主要有：茶多酚类、植物碱、蛋白质、氨基酸、维生素、果胶素、有机酸、脂多糖、糖类、酶类、色素等。而凤凰单丛茶所含的有机化学成分，如茶多酚、儿茶素、多种氨基酸等含量明显高于其他茶类。无机矿物元素主要有：钾、钙、镁、钴、铁、锰、铝、钠、锌、铜、氮、磷、氟、碘、硒等。凤凰单丛茶所含的无机矿物元素，如锰、铁、氟、钾、钠等均高于其他茶类。中国科学院公认凤凰单丛茶是纯天然无公害之高品质茗茶。

2. 保健功效

凤凰单丛茶是我国的特种名茶，经现代国内外科学研究证实，凤凰单丛茶除了与一般茶叶具有提神益思，消除疲劳、生津利尿、解热防暑、杀菌消炎、解毒防病、消食去腻、减肥健美等保健功能外，还在防癌症、降血脂、抗衰老等方面有特殊功效。

（1）防癌症：凤凰单丛茶内含角香醇、揽香醇、亚麻酸甲脂、亚油酸甲脂等有机化学物质，能提高人体的免疫力、抗癌作用和对冠心病的治疗作用。中国预防医学科学院营养与食品卫生研究所和化学研究室曾进行茶叶在动物体内的抑癌试验。他们分别给大白鼠喂凤凰单丛茶等五种茶，同时给予喂人工合成的纯度大于 99.8% 的致癌物甲基卡基亚硝胺。三个月后，大白鼠食道癌发生率为 42%~67%，而未饮茶的大白鼠食道癌发病率为 90%，五种茶叶抑癌效果中凤凰单丛茶最佳。与此同时，他们还进行另一种试验，即用亚硝酸钠和甲基卡胶做致癌前体物，结果发现，饮茶组的大白鼠无一发生食道癌，未饮茶组发生率为 100%。这一结果证明，茶叶可全部阻断亚硝胺的体内内源性的形成。

（2）降血脂：凤凰单丛茶中的有机化学成分茶多酚对降血脂有明显功效。省中医药研究所曾经观察了一组血中胆固醇较高的患者，在停用各种降脂药物的情况下，每日上下午两次饮用凤凰单丛茶，连续 24 周后，患者血中胆固醇含量有不同程度下降。进一步的动物试验表明，凤凰单丛茶有防止和减轻血中脂质在主动脉粥样硬化作用。饮用凤凰单丛茶还可以降低血液黏稠度，防止红细胞集聚，改善血液高凝状态，增加血液流动性，改善微循环。这对于防止血管病变，血管内血栓形成均有积极意义。此外，体外血栓形成试验，也表明凤凰单丛茶有抑制血栓形成的作用。

（3）抗衰老：凤凰单丛茶中的抗氧化剂抗衰老效果显著。1983 年，省中医药研究所进行抗衰老试验表明，他们分别加喂凤凰单丛茶和维生素 E 的两组动物，肝脏内脂质过氧化均明显减少，这说凤凰单丛茶和维生素 E 一样有抗衰老功效。人体试验还表明，在每日内服足量维生素 C 情况下，饮用凤凰单丛茶可以使血中维生素 C 含量持较高水平，尿中维生素 C 排出量减少，而维生素 C 的抗衰老作用早已被研究证明。因此，饮用凤凰单丛茶可以从多方面增强人体抗衰老能力。

医学证明，人每天都要喝八杯水，白开水喝多了没味，罐装饮料又贵又含有各种化学物质，凤凰单丛茶口感甘甜，回甘力强，很耐泡，几克茶叶可以泡一整天，用普通的保温杯或茶杯即可冲泡，既省钱又可美容瘦身。

【体验园】

以小组为单位，请品饮以下香型的凤凰单丛，完成以下表格。

香型	外形	色泽	滋味	汤色
茉莉香				
桂花香				
黄枝香				
芝兰香				

知识拓展

1. 凤凰单丛茶渣的功效

在日常生活说，我们可以充分利用凤凰单丛茶渣。假如眼睛因用眼过多而疲劳（这对网友们来说是经常的事情），可用棉花蘸冷茶水清洗眼睛，几分钟后，喷上冷水，再拍干，有助于消除疲劳。消除黑眼圈最简单的方法是先把茶叶包在纱布中在冷水中浸透，闭上眼睛，在左右眼皮上各放1个茶包，搁15分钟。如果在太阳底下使皮肤受损，可用一块棉花蘸冷茶水抹不舒服的部分，不要用力过大。时间以觉得舒服为好。眼部化妆品，如果清洁方法不当，最容易使眼睛红肿。最好用温水浸泡过的茶袋压在眼皮上10分钟，但不可太靠近眼睑。

2. 凤凰单丛的制作

凤凰单丛茶的采制，以特早熟种的白叶单丛最先开锣，在春分（3月20日）前后陆续开采，这是一种蜜兰春型的高档茶，有岭头单丛茶、乌东蜜兰香单丛、金奖工夫白叶茶等品种。毛茶制成后，经10天的精制，4月初可上市。清明（4月4日）前后早熟种单丛开始采摘，有肉桂香单丛、金玉兰、蛤蛄捞等。单丛茶采制旺季在清明至谷雨期间，大部分老单丛茶都在这段时间采摘，有宋种1号、黄栀香2号、芝兰香及各种特殊香型茶。不同品种的单丛香气各不相同，汤色橙黄明亮，滋味浓醇爽口，回甘强，极耐冲泡，有高山老枞之"特韵"。凤凰单丛茶属乌龙茶之一。凤凰单丛茶是指从凤凰高山上的凤凰水仙群体品种中选取优异单株，经精工单株培育、单株采摘、单株制作而成的名优质茶。今以春茶为例，其工艺流程如下：

（1）采青：一般选在晴天下午采摘，做到眼紧，手快，轻采，轻放，采一个放一个，避免茶青紧压。

（2）晒青：晒青即日光萎凋。晒青时间最好在有阳光的下午4~5时。鲜叶薄置，不宜重叠。一般而言，若气温在22℃~28℃，晒15~20分钟；20℃~25℃，晒20~30分钟；28℃~33℃时，晒10分钟左右。具体操作时，应依品种、气候、鲜叶含水量等不同情况，确定晒青时间的长短。通过晒青，使"茶叶晒贴筛"，鲜叶水分消失10%~15%，便算适度。晒青作用：蒸发叶子的部分水分，为促使叶内部产生一系列的生化反应创造条件，有利于提高成品茶的色、香、味。

（3）凉青：凉青又称"复式萎凋"，是指将晒青后的茶叶，移置阴凉处的晾青架晾青。晾青属静置阶段，一般1~2小时为宜。晾青的作用：晾青实际上是短时间内的自然萎凋，让叶内的各种生化变化在较低温度条件下均匀而缓慢地进行，继续增加水解产物，进一步强化叶细胞膜的透性，提高氧化酶的活性，从而发展香气。

（4）碰青：碰青也称"做青"，俗称"浪茶"，是形成乌龙茶色、香、味的关键，也是半发酵和半萎凋（即轻发酵和轻萎凋）的综合过程。碰青的空气适宜温度一般为18℃~20℃，适宜的相对湿度一般为75%。碰青时间大约从晚上6：00~7：00开始，直到第二天天亮，历时需10~12小时；约隔2小时碰一次，全过程需碰青5~6次；每次适度碰青约2分钟。碰青包括碰青、摇青与静置反复交替的过程。这个过程宜慢不宜快，谨防发酵不足或发酵过度。若叶片出现"叶缘二分红，叶腹八分绿"（俗称红边绿腹），叶脉透明，叶形呈汤匙状，香气久存，这便是碰青适度的标准。碰青的作用：使茎脉及叶片组织中的各种有效物质成分得以充分利用和发挥。是凤凰单丛茶初制中最复杂、细致之工序。

（5）炒青：炒青也称"杀青"。碰青结束，堆放一小时后才能进行炒青。其方法是将青叶投入锅内，先扬炒，后闷炒，均匀炒；锅温控制在150℃~200℃。炒青要坚持炒熟，以柔软有黏手感手握成团、青臭味转为清香味为适度标准。炒青的作用：利用高温，破坏酶的活性，终止发酵作用，固定发酵成果；与此同时，使青叶水分汽化蒸发（减重率一般为20%~30%），叶质转柔，便于揉捻。炒青工序实质便是凤凰单丛茶内质基本定型的过程。

（6）揉捻：从轻揉到重揉，再轻揉，中间解块2~3次。要揉得均匀，使条索紧结，叶细胞破碎在40%~50%为适度标准。揉捻的作用：揉捻是在炒青时破坏了局部叶细胞组织及酶的活性之基础上，又一次对叶细胞组织的更大破坏过程，从而促成叶细胞内含物进一步渗出混合，并黏附于叶表，使茶叶色泽油润，外形美观，味香耐泡。揉捻后要及时摊开，及时烘干。解块：将茶条分散，使之不成团结块，便于茶条散去热量，散走水分停止发酵。

（7）烘焙：烘焙俗称"焙茶"，用炭炉烘干。烘干应坚持"悠火薄焙"，并经两次以上的分次烘焙。烘焙时温度要适宜；操作时手法要轻巧。一般而言，初焙约40分钟，七成干即可，然后取出松之。30分钟后第二次入焙，20分钟后熄火，停止鼓风，就焙笼中搁置到完全干后取出，即为成茶。烘焙的作用：烘焙过程的物质变化，以热催化作用为主导，使茶叶中的有效成分得以充分发挥与利用，提高成茶的色、香、味水平，并且有利储藏。

任务2 凤凰单丛茶艺表演

学习目标

●为宾客进行凤凰单丛茶艺表演。

任务准备

1.前置任务：
（1）请收集一到三个关于凤凰单丛茶的故事、诗词。
（2）请带回关于少量凤凰单丛茶茶叶或该茶的包装盒（袋），在课堂的展示角陈列，挑选个别小组进行展演说明。
2.安全与其他注意事项：
（1）茶具无破损。
（2）茶叶新鲜。
（3）表演时，注意用电安全。
（4）使用红泥火炉需要注意用明火安全。

相关知识

凤凰单丛是乌龙茶的极品，茶香高而持久。因此，要求冲泡的水必须是处于正滚开时，才能使热气将香气展示出来。泡茶的投茶量与主泡器的容量相称，选用150ml的紫砂壶，其投茶量满壶。冲泡的时间必须掌握得恰到好处，目的是让冲泡出来的茶汤的质量最佳，凤凰单丛要做到淋壶，壶身干，即出。凤凰单丛有独特的"山韵"，香气浓郁，饮完后一段时间的回甘持久。

所用茶具（如图4-46）：紫砂壶（冲罐）、壶垫、紫砂茶船、内白瓷外朱泥的若琛杯（六个）、砂铫、铫垫、茶洗、锡罐、纳茶纸、茶通、红泥火炉、茶巾、水缸、水勺。

图4-46 潮汕工夫茶茶具组合

表演程序：

步骤一：迎宾入座示茶具（图4-47）

（1）操作方法与说明

①布置好茶桌，将茶具摆放好。

②行走进入表演场，两脚间距约20厘米。

③以并脚的姿势站定，向宾客行45°鞠躬礼。

④神情自然，微笑甜美。

⑤茶艺师依次介绍冲泡凤凰单丛需用到的"四宝"，玉书煨，俗名"茶锅仔"，又称砂铫；潮州炉，俗名红泥火炉；孟臣罐，俗称"冲罐"，配以若琛杯。

图4-47 示茶具

（2）动作标准

①茶具齐全，摆放合理。

②走姿端庄，步伐轻盈，挺胸收腹。

③站姿时，头要正，下颚微收，挺胸收腹，双脚跟合并。

④微笑甜美。

⑤能介绍"四宝"，没有遗漏。

步骤二：净手茶礼表敬意（图4-48）

（1）操作方法与说明

①茶艺师助手用茶盘端出装了七分满水的青花瓷器皿，茶巾置于器皿旁。

②茶艺师转身，双手轻轻放入水中，左右两手上下贴着转一圈后，双手轻轻抖动一下。

③茶艺师双手拿起茶巾，右手正反轻擦拭，左手同样，再将茶巾放入茶盘中。

图4-48　净手

（2）动作标准

洗手时，动作轻柔，不能击发出水声。

步骤三：砂铫淘水置炉上（图4-49）

（1）操作方法与说明

茶艺师用竹筒舀出，倾入砂铫，放在红泥火炉上。

图 4-49 竹勺舀水

（2）动作标准

火炉置于茶桌七步远。

步骤四：静候三沸涛声隆

（1）操作方法与说明

茶艺师手拿羽扇煽火烹水（图 4-50）。

图 4-50 烹水

（2）动作标准

开水恢复到二沸的状态就可以准备冲泡了。

步骤五：提铫冲水先热罐

（1）操作方法与说明

茶艺师手端来砂铫，内外淋罐（图4-51）。

图4-51 提铫

（2）动作标准

手提砂铫的高度适中。

步骤六：遍洒甘露再热盅

（1）操作方法与说明

茶艺师持罐淋盅（图4-52）。

图4-52 淋壶

（2）动作标准

淋盅的顺序是顺时针方向。

步骤七：锡罐佳茗倾素纸

（1）操作方法与说明

茶艺师双手拿起锡制储茶器，将茶叶倾在纳茶纸上（图4-53）。

图4-53　取茶

（2）动作标准

①纳茶纸长10厘米，宽8厘米。

②倒茶时茶叶不能溢出纳茶纸。

步骤八：观赏干茶评等级

（1）操作方法与说明

茶艺师双手托起纳茶纸，从左往右让宾客观赏凤凰单丛（图4-54）。

图4-54　赏茶

（2）动作标准

茶艺师要托起纳茶纸的对角位。

步骤九：壶中天地纳单丛（图4-55）

（1）操作方法与说明

茶艺师右手拿茶通，左手拿纳茶纸，将茶叶慢慢置于罐中。

图4-55　纳茶

（2）动作标准

最粗的茶叶置于最前，其次为细末，最后为较粗的茶叶。

步骤十：甘泉洗茶香味飘（图4-56）

（1）操作方法与说明

茶艺师提起砂铫，揭开壶盖，将沸水冲入紫砂壶。

图4-56　洗茶

（2）动作标准

冲水时是环壶口，缘壶边。

步骤十一：环壶缘边需高冲

（1）操作方法与说明

洗茶之后，再提铫高冲（图4-57）。

图4-57　提铫高冲

（2）动作标准

①"高冲"时，茶叶要充分舒展。

②水要注满，但不能让茶汤溢出。

步骤十二：刮末淋盖显真味

（1）操作方法与说明

茶艺师用壶盖刮末，再淋盖去末（图4-58）。

图4-58　淋盖

（2）动作标准

茶末与白泡被冲干净。

步骤十三：烫杯三指飞轮转（图4-59）

（1）操作方法与说明

将一杯侧置于另一杯上，中指指肚勾住杯脚，拇指抵住杯口并不断向上推拨。

图4-59　转杯

（2）动作标准

使杯上之杯作环状滚动并发出铿锵声音。

步骤十四：低洒茶汤时机到

（1）操作方法与说明

茶艺师右手拿起紫砂壶，按顺时针方向倒茶（图4-60）。

图4-60　低斟

（2）动作标准

洒茶要注意低洒。

步骤十五：巡城往返聘关公（图4-61）

（1）操作方法与说明

茶艺师手持紫砂壶，按照逆时针方向，快速将茶汤倒入品茗杯中。

图4-61　巡城

（2）动作标准

倒茶的速度均匀。

步骤十六：迎喜得韩信点兵将（图4-62）

（1）操作方法与说明

茶艺师手提茶壶，壶口向下，对准茶杯，循环往复，务必点滴入杯。

图4-62　点茶

（2）动作标准

茶汤沥尽，并保持各杯茶汤均匀。

步骤十七：莫嫌工夫茶杯小

（1）操作方法与说明

茶艺师用"三龙护鼎"（图4-63）的手势拿起品茗杯，分三小口将茶汤喝尽。

图4-63　三龙护鼎

（2）动作标准

手势正确。

步骤十八：茶韵香浓情更浓

（1）操作方法与说明

茶艺师分三次嗅杯底，鉴别茶质之优劣（图4-64）。

图4-64　杯底闻香

（2）动作标准

分三次完成。

步骤十九：收具谢礼表情意（图4-65）

（1）操作方法与说明

茶艺师将茶具收拾好，向宾客表示感谢。

图4-65　收具

（2）动作标准

①茶具清洗干净并归位。

②等客人离座后，茶艺师收拾茶台。

【体验园】

以小组为单位，制作一辑乌龙茶茶艺视频，并让亲戚朋友欣赏后收集观后感，至少三个，进行课堂汇报。

知识拓展

茶叶的保健成分

许多现代医学研究人员对茶叶的保健功效、药理作用作了深入细致的理论研究，证实了茶叶的保健功效是由于茶叶中含有多种化学成分决定的。

1.减轻辐射——脂多糖

茶叶中含有脂多糖，人体摄入脂多糖后，会产生非特异性免疫能力，能保护人体的造血功能，也能防癌，并减轻辐射对人体的伤害。

2.延年益寿——茶多酚

茶叶中的茶多酚具有很强的抗氧化性，对延缓衰老起着重要作用，还能提高人体免疫力，并抑制化学物质对癌症的诱发。

3. 提神醒脑——咖啡因

茶叶中含有咖啡因，咖啡因能兴奋中枢神经系统，因而使人头脑清醒，思维敏捷，消除疲劳。还有利尿作用。

4. 美容养颜——维生素

茶叶中富含维生素 B 和维生素 C，具有很好的美容养颜功效，也能促进人体的新陈代谢。

5. 消脂减肥——类黄酮

茶叶中含有类黄酮、芳香物质、生物碱等成分，能降低胆固醇、甘油三酯的含量，还能降低血脂浓度，具有很强的解脂作用。

6. 保护牙齿——氟化物

茶叶中含有氟化物，能预防牙齿疾病，对预防龋齿很有效果，也能预防或减轻口臭。

此外，茶叶中的微量元素——硒，具有抗癌、防衰老和保护人体免疫功能的作用，还能防止胰腺退化、防铅、汞等重金属的毒害作用。

思考与实践

1. 比较潮汕工夫茶、武夷大红袍、安溪铁观音茶艺的不同点和相同点。可从历史故事、表现手法等角度分析。

2. 品饮乌龙茶有什么禁忌？

任务评分资料库

潮汕工夫茶茶艺评分表

表演小组名称：　　　　　　　　　　　　　　　日期：

项目	分值	要求和评分标准	得分
仪态 （6分）	3	形象自然、得体、高雅，表演中用语得当，表情自然。	
	3	动作、手势、站立姿势端正大方。	
茶具组合 （20分）	10	茶器具之间功能协调。	
	10	茶器具布置与排列有序、合理。	

项目	分值	要求和评分标准	得分
茶艺表演（50分）	5	能根据背景音乐进行有节奏的表演。	
	20	冲泡程序准确，投茶量适中，水温、冲水量及时间把握合理。	
	10	操作动作适度，手法顺畅，过程完整。	
	10	烫杯技巧表现突出。	
	5	奉茶姿态、姿势自然，言辞恰当。	
小组合作（24分）	14	小组分工合作表演，角色明确，能突出主泡手。	
	10	小组能完成潮汕工夫茶的所有操作流程。	
合计	100		

评分小组：

项目5　英德红茶

情境引入

　　英德种茶历史可追溯到距今1200多年前的唐朝。如今，英德红茶已经被世界各国的人们所认识。英红九号是众多茶客所认识的。小花见十二月的天比较冷，于是她便准备了英红九号给茶客们暖暖胃。

任务1　英德红茶的品质特征及功效

学习目标

•能描述英德红茶的品质特征、发展与功效。

1.请准备一个制作英德红茶的视频。

2.请准备英红、祁红、滇红，比较三种红茶的特点。

英德红茶，产于广东省清远市的英德市，创建于1959年。"英德红茶"是与"祁门红茶""云南滇红"齐名的三大红茶之一。因为加上牛奶、白糖后，色、香、味俱佳，所以在港澳和东南亚地区很受欢迎。它是直接利用云南大叶种鲜叶研制而成的，1964年工艺基本定型，并通过中央四部（农业部、商业部、外贸部、一机部）鉴定。20世纪90年代初研究开发出品质卓越的"金毫茶"产品，成为红茶之最，被誉为"东方金美人"，令世人所瞩目。

一、英德红茶的品质特征

英德红茶（图4-66）的品质特征是：外形颗粒紧结重实，色泽油润，细嫩匀整，金毫显露，香气鲜醇浓郁，花香明显，滋味浓厚甜润，汤色红艳明亮，金圈明显，叶底柔软红亮，特别是加奶后茶汤棕红瑰丽，味浓厚清爽，色香味俱全（佳），较之滇红、祁红别具风格。

图4-66　英德红茶

二、关于英德红茶的发展

英德红茶创制以来以其极佳的形、色、香、味博得世界人民的喜爱，至目前远销世界70多个国家和地区。英国是世界红茶销售中心，也是红茶消费量最多的国家，世界各国著名红茶纷纷涌入，英德红茶进入英国市场后，很快受到英国人的青睐。1969 年广东省茶叶进出口公司电文称，从中国驻英国大使馆经济参赞处电文获悉：英国皇室喜爱英德红茶，1963 年英国女皇在盛大宴会上用英德红茶 FOP 招待贵宾，受到高度的称赞和推崇。据传英国女王伊丽莎白二世就十分爱喝英德红茶。"英红"出名归根结底是因为英德茶叶的质地好，又据 1996 年 9 月 19 日香港《东方日报》以"英德红茶香滑不苦提神醒脑"为题，称赞"英国皇室所享用的英德红茶都是中国货"。

三、英德红茶的功效

英德红茶所含的抗氧化剂有助于抵抗老化。因为人体新陈代谢的过程，如果过氧化会产生大量自由基，容易老化，也会使细胞受伤。SOD（超氧化物歧化）是自由基清除剂，能有效清除过剩自由基，阻止自由基对人体的损伤。英德红茶中的儿茶素能显著提高 SOD 的活性，清除自由基。所以它可以抗衰老。英德红茶中儿茶素对引起人体致病的部分细菌有抑制作用，同时又不致伤害肠内有益菌的繁衍，因此英德红茶具备整肠抗菌的功能。英德红茶含有黄酮醇类，有抗氧化作用，亦可防止血液凝块及血小板成团，降低心血管疾病。

【体验园】

以小组为单位，选择祁红、滇红、英红进行冲泡，并介绍茶汤的香气、滋味、茶叶在汤中的形状。

📚 知识拓展

历史上最早的红茶

相传，明隆庆二年（1568），因时局动乱不安，且桐木是外地入闽的咽喉要道，因而时有军队入侵。有一次，一支军队从江西进入福建过境桐木，占驻茶厂，茶农为躲避战争逃至山中。躲避期间，待制的茶叶因无法及时用炭火烘干，过度发酵产生了红变。随后，茶农为挽回损失，采取易燃松木加温烘干，形成既有浓醇松香味又有桂圆干味的茶叶品种，这就是历史上最早的红茶，又称之为"正山小种红茶"（图 4-67）。

图 4-67　正山小种

任务 2　英德红茶茶艺表演

▌学习目标

●为宾客进行英德红茶茶艺表演。

▌任务准备

1. 前置任务：

（1）请准备一个制作英德红茶的视频。

（2）请准备大叶红茶、正山小种红茶进行冲泡，并介绍它的特点。

2. 安全与其他注意事项：

（1）茶具无破损。

（2）茶叶新鲜。

（3）表演时，随手泡摆放在不易碰撞之处，保证电源线板通电安全。

（4）随手泡装水七分满，以防止沸水溢出烫伤表演者或造成电源线板短路。

（5）在正式冲泡时，注水一定做到水流连贯，提壶高冲，不断水，不洒水。

▌相关知识

　　红茶的饮用与红茶的品质特点有关。按红茶的花色品种可分为工夫饮法和快速饮法；按调味方式可分为清饮法和调饮法；按茶汤浸出方式可分为冲泡法和煮饮法。但无论采取何种饮用方法，品饮红茶时，重在领略它的香气、滋味和汤色，所以，通常多直接采用白瓷杯或玻璃杯泡茶，只有少数用壶的，如冲泡红碎茶或片末茶。

表演工夫红茶所需茶具（图4-68）：茶船、茶壶（瓷壶、盖碗均可）、白瓷杯、茶荷、公道壶、随手泡、茶具组、茶巾、储茶器。

图 4-68　工夫红茶茶具组合

表演程序：

步骤一：茶具准备

（1）操作方法与说明

①姿态端正（图4-69）。

②茶艺师准备好茶具，按照以下顺序准备：茶船、青花茶壶、品茗杯、茶荷、茶虑、公道壶、随手泡、茶具组、茶巾、储茶器。

图 4-69　迎宾

（2）动作标准

茶具齐全、整齐。

步骤二：红茶鉴赏（图 4-70）

（1）操作方法与说明

用茶则盛茶叶拨至茶荷中，双手拿起茶荷请客人观赏。

图 4-70　赏茶

（2）动作标准

①取茶时，茶叶不可洒落茶桌。

②茶荷从左往右时，处于同一水平，高度一致。

步骤三：烫壶温杯（图 4-71）

图 4-71　烫壶

（1）操作方法与说明

将沸水注入瓷壶（碗）及杯中。

（2）动作标准

使杯上之杯作环状滚动并发出铿锵声音。

步骤四：群芳聚会

（1）操作方法与说明

将茶荷中的红茶拨至茶壶中（图4-72）。

图4-72　投茶

（2）动作标准

茶叶不可洒落茶桌。

步骤五：悬壶高冲（图4-73）

图4-73　高冲

（1）操作方法与说明

①先用回转法，尔后用直流法，最后用"凤凰三点头"法冲至满壶。

②若有泡沫，可用左手持壶盖，由外向内撇去浮沫，加盖静置2~3分钟。

（2）动作标准

水柱不断。

步骤六：红河入海（图4-74）

（1）操作方法与说明

将茶汤斟入公道壶（以紫砂壶作为公道壶）中。

图4-74　斟茶

（2）动作标准

茶汤不外溢。

步骤七：缓缓细斟（图4-75）

图4-75　分茶

（1）操作方法与说明

将壶中茶汤一一倾注到各个茶杯中。

（2）动作标准

每杯的量一样。

步骤八：敬奉香茗

（1）操作方法与说明

双手捧杯奉茶，并行伸手礼，道声"请用茶"（图4-76）。

（2）动作标准

双手捧杯，面带微笑。

图4-76　奉茶

步骤九：收具谢礼（图4-77）

图4-77　收具

（1）操作方法与说明

用茶巾将茶船擦拭干净，将其他茶具摆放在茶船上；茶艺师站起来向宾客鞠躬表示感谢。

（2）动作标准

①等客人离座后，茶艺师收拾茶台。

②茶具清洗干净，并归位。

【体验园】

以小组为单位，进行英德红茶茶艺表演。

📚 知识拓展

祁门红茶简介

祁门红茶（图4-78），产于安徽省祁门一带，茶叶的自然品质以祁门的历口、闪里、平里一带最优。国际市场把"祁红"与印度大吉岭茶、斯里兰卡乌伐的季节茶并列为世界公认的三大高香茶。祁门红茶品质超群，被誉为"群芳最"，这与祁门地区的自然生态环境条件优越是分不开的。祁门地处安徽南端，黄山支脉由东向西环绕，西北有大洪岭和历山，东有楠木岭，南有榉根岭，山地面积占总面积的90%，平均海拔高度为600米左右，茶园80%左右分布在海拔100~350米的峡谷地带，森林面积占80%以上，早晚温差大，常有云雾缭绕，且日照时间较短，构成茶树生长的天然佳境，酿成"祁红"特殊的芳香厚味。祁红的主要特点是：茶叶外形条索紧细，苗秀显毫，色泽乌润；茶叶香气清香持久，似果香又似兰花香，国际茶市上把这种香气专门叫作"祁门香"；汤色红艳透明，叶底鲜红明亮。滋味醇厚，回味隽永。

图4-78 祁门红茶

思考与实践

请使用英德红茶调制一杯英式奶茶。

任务评分资料库

英德红茶茶艺表演评价表

序号	测试内容	测评标准	评价结果			
			优	良	合格	不合格
1	姿态	（1）茶具齐全，摆放合理。				
		（2）微笑甜美。				
2	赏茶	（1）取茶时，茶叶不可洒落茶桌。				
		（2）茶荷从左往右时，处于同一水平，高度一致。				
3	温杯	使杯上之杯作环状滚动并发出铿锵声音。				
4	投茶	投茶时，茶叶不可洒落茶桌。				
5	高冲	水柱不断。				
6	斟茶	（1）茶汤不外溢。				
		（2）每杯的量一样。				
7	奉茶	双手捧杯，面带微笑。				
8	收具	（1）等客人离座后，茶艺师收拾茶台。				
		（2）茶具清洗干净并归位。				

项目 6 普洱茶

情境引入

　　海珠湖大益体验馆是目前全国十大优秀大益普洱茶专营店之一。因此，在职的所有茶艺师除了经过大益茶的专业培训外，他们的主题活动也是定期举办的。

春节后，天气特别寒冷，大益体验馆的王总在元宵节特地办了一次"大益暖人心"的主题茶会。

任务 1　普洱茶的品质特征及功效

学习目标

● 能描述普洱茶的品质特征、六大茶山的代表茶与功效。

任务准备

1. 请准备一个制作普洱茶的视频。
2. 请将六大茶山的普洱茶进行分类，介绍它们的外形特征。

相关知识

云南普洱茶（图 4-79），属于黑茶，因为以前的产地就在云南普洱府（今普洱市），所以取名普洱。现在泛指普洱茶区生产的茶，是以公认普洱茶区的云南大叶种晒青毛茶为原料，经过后发酵加工成的散茶和紧压茶。

图 4-79　云南普洱茶

一、普洱茶的品质特征

普洱茶的品质特征是：外形色泽褐红，内质汤色红浓明亮，香气独特陈香，滋味醇厚回甘，叶底褐红。有生茶和熟茶之分，生茶自然发酵，熟茶人工催熟。"越陈越香"被公认为是普洱茶区别于其他茶类的最大特点，"香陈九畹芳兰气，品尽千年普洱情。"

二、普洱生茶与熟茶的概念

生茶是新鲜的茶叶采摘后以自然的方式陈放，未经过渥堆发酵处理。生茶茶性较烈，刺激。新制或陈放不久的生茶有强烈的苦味，色味汤色较浅或黄绿，生茶适合饮用，长久储藏，可以年复一年看着生普洱叶子颜色渐渐变深。香味越来越醇厚。

熟茶是经过渥堆发酵使茶性趋向温和，熟普具有温和的茶性，茶水丝滑柔顺，醇香浓郁，更适合日常饮用，质量上乘的熟普非常值得珍藏，同样，熟普的香味也会随陈化的时间而变得越来越柔顺，浓郁。图4-80为普洱茶汤比较。

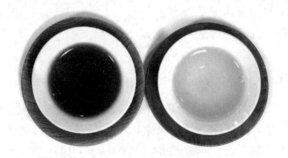

图4-80　普洱茶汤比较

三、干仓与湿仓普洱

干仓普洱是指存放于通风、干燥及清洁的仓库，使茶叶自然发酵，陈化10~20年为佳。

湿仓普洱是指通常放置于较潮湿的地方，如地下室、地窖，以加快其发酵速度。由于茶叶内含物破坏较多，常有泥味或霉味，湿仓普洱陈化速度虽较干仓普洱快，但容易产生霉变，对人体健康不利，所以我们不主张销售及饮用湿仓普洱。

四、云南普洱茶的功效

据广东中山大学何国藩等用普洱茶进行的研究结果表明，饮用2%普洱茶可以解除由钴60辐射引起的伤害。普洱茶与脂肪的代谢关系密切，普洱茶经过独特的发酵过程生成了新的化学物质，其中有的含有脂肪分解酵素的脂肪酶，能对脂肪产生分解作用，因而普洱茶有减肥的功效。科学家通过大量的人群比较，证明饮茶人群的癌症发病率较低。而普洱茶含有多种丰富的抗癌微量元素，普洱茶杀癌细胞的作用强烈。普洱茶中含有许多生理活性成分，具有杀菌消毒的作用，因此能去除口腔异味，保护牙齿。

同时，根据《本草纲目拾遗》载："普茶最治油蒙心包，刮肠、醒酒第一。"事实医学证明：茶叶中的茶多酚能促进乙醇代谢，对肝脏有保护作用，使乙醇代谢能正常顺利进行。喝茶能增加血管收缩功能。茶碱具有利尿作用，能促使酒精快速排出体外，减少酒醉后的危害。饮茶还可以补充酒精水解所需的维生素 C，兴奋被酒精麻醉的大脑中枢，因而起到解酒作用。并且用茶解酒，绝对不会伤害脾胃，不会使醉者大量呕吐，产生反胃的痛苦。

【体验园】

以小组为单位，选择大益生茶、熟茶进行冲泡，并介绍茶汤的香气、滋味、茶叶在汤中的形状。

知识拓展

选购普洱茶和鉴别品质的方法

1. 四看：(清纯正气)

（1）清——味道要清，没有霉味。

（2）纯——汤色要纯，如枣或红浓，亮，不能黑如漆。

（3）正——存于正确环境中，位于干仓，不可处湿仓。

（4）气——品其汤，则心旷神怡。

2. 六不看：

（1）不以错误的年代为标杆。

（注：其实真正五六十年代的茶只有到博物馆里才能见到的，试想一下，有没有茶厂茶商会将做好的茶陈放 50 年才拿出来卖呢？）

（2）不以伪造包装为依据。

（3）不以茶色深浅为借口。

（4）不以添加味道为导向。真正的普洱其樟香、枣香等都是自然形成的，怎么可能高得刺鼻呢？

（5）不以霉气仓别为号召。

（6）不以树龄叶种为考量。无论选购哪种茶品，其标准总是统一的，购买时先衡量一下自己的经济情况，大致考虑好想要的类型，增加普洱知识。

任务 2 普洱茶茶艺表演

•为宾客进行普洱茶茶艺表演。

1. 前置任务：

（1）请准备一个冲泡普洱茶的视频。

（2）分角色进行表演。

2. 安全与其他注意事项：

（1）茶具无破损。

（2）茶叶新鲜。

（3）表演时，随手泡摆放在不易碰撞之处，保证电源线板通电安全。

（4）随手泡装水七分满，以防止沸水溢出烫伤表演者或造成电源线板短路。

（5）斟茶时，避免茶水溅落到客人身上。

（6）在茶艺操作时，茶壶、随手泡、水壶的壶嘴不能对向前方，一般可指向操作者的左侧。

普洱茶是黑茶的一个品种，原产于云南省，过去因集散地为普洱县，因而称作"普洱茶"。现四川、广东、湖南等地也有生产。普洱茶又可分为饼茶、砖茶、沱茶和散茶。普洱散茶条索肥壮，汤色橙黄，香味醇浓，带有特殊的陈香，可直接泡饮。

依据普洱茶的品质和耐泡特性，一般采用定点冲泡法。即用盖碗冲泡，用紫砂壶作公道杯。因用盖碗能产生高温宽壶的效果，普洱茶为陈茶，在盖碗内，经滚沸的开水高温消毒、洗茶，将普洱茶表层的不洁物和异味洗去，就能充分释放出普洱茶的真味。而用紫砂壶作公道壶，可去异味，聚香含淑，使韵味不散，得其真香真味。

所需茶具（图4-81）：茶船、白瓷盖碗、品茗杯、茶荷、公道壶（紫砂壶）、随手泡、茶具组、茶巾、储茶器。

图 4-81 普洱茶茶具组合

表演程序：

步骤一：茶具准备（备具）（图 4-82）

（1）操作方法与说明

①布置好茶桌，将茶具摆放好。

②行走进入表演场，两脚间距约 20 厘米。

③以并脚的姿势站定，向宾客行 45° 鞠躬礼。

④神情自然，微笑甜美。

图 4-82 备具

（2）动作标准

①茶具齐全，摆放合理。

②走姿端庄，步伐轻盈，挺胸收腹。

③站姿时，头要正，下颚微收，挺胸收腹，双脚跟合并。

④微笑甜美。

步骤二：名茶鉴赏（赏茶）（图4-83）

（1）操作方法与说明

用茶则盛茶叶拨至茶荷中，双手拿起茶荷请客人观赏。

图4-83　赏茶

（2）动作标准

①茶荷从左往右时，处于同一水平，高度一致。

②取茶时，茶叶不可洒落茶桌。

步骤三：温壶涤器（温具）（图4-84）

（1）操作方法与说明

用烧沸的开水冲洗盖碗（三才杯）、若琛杯（品茗杯）、紫砂壶。

图4-84　温具

（2）动作标准

茶具干净并有余温。

步骤四：普洱入宫（置茶）（图4-85）

（1）操作方法与说明

用茶匙将茶荷中的普洱茶置入盖碗。

图4-85 置茶

（2）动作标准

茶叶没有外溢。

步骤五：倒海翻江（洗茶）（图4-86）

（1）操作方法与说明

用现沸的开水呈45°大水流冲入盖碗中。

图4-86 洗茶

（2）动作标准

定点冲泡，普洱茶能够在碗中翻滚。

步骤六：淋壶增温（淋壶）（图4-87）

（1）操作方法与说明

将盖碗中冲泡出的茶水淋洗公道壶，达到增温目的。

图4-87　淋壶

（2）动作标准

公道杯温度提高。

步骤七：悬壶高冲（冲泡）（图4-88）

（1）操作方法与说明

用现沸开水冲入盖碗中泡茶。

图4-88　冲泡

（2）动作标准

定点冲泡，水不溢出。

步骤八：出汤入壶（出汤）（图 4-89）

（1）操作方法与说明

刮去浮沫，然后将盖碗中的普洱茶汤倒入公道壶中。

图 4-89 出汤

（2）动作标准

碗边有浮沫。

步骤九：凤凰行礼（沥茶）（图 4-90）

（1）操作方法与说明

把盖碗中的剩余茶汤全部沥入公道壶中，以凤凰三点头的姿势，向客人频频点头行礼致意。

图 4-90 沥茶

（2）动作标准

三次点碗，茶汤沥尽。

步骤十：普降甘霖（分茶）（图4-91）

（1）操作方法与说明

即将公道壶中的茶汤倒入品茗杯中，以茶汤在杯内满七分为度。

图4-91　分茶

（2）动作标准

茶汤均匀。

步骤十一：香茗敬客（奉茶）（图4-92）

（1）操作方法与说明

将品茗杯放在茶托中，由茶艺师举杯齐眉，一一奉送给客人，道声"请用茶"。

图4-92　奉茶

（2）动作标准

品茗杯须举到与眉毛的高度一致。

步骤十二：收具谢礼（图4-93）

（1）操作方法与说明

用茶巾将茶船擦拭干净，将其他茶具摆放在茶船上；茶艺师站起来向宾客鞠躬表示感谢。

图4-93 收具

（2）动作标准

①等客人离座后，茶艺师收拾茶台。

②茶具清洗干净，并归位。

【体验园】

以小组为单位，用"大益暖人心"为主题，进行茶艺表演。

 知识拓展

黑茶的功能

黑茶也是我国特有的一大茶类。生产历史悠久，产区广，销量大，品种多。主要品种有湖南安化黑茶、湖北老青茶、四川边茶、广西六堡散茶，云南普洱茶等。黑茶是一种后发酵茶，有的紧压成砖茶、饼茶，也有散茶，产量占全国茶叶总产量的1/4左右，过去主销边疆，所以又称"边销茶"。黑茶是我国西北广大地区藏族、蒙古族、维吾尔族等兄弟民族日常生活必不可少的饮料。有"宁可一日无食,不可一日无茶""一日无茶则滞,三日无茶则病"之说。

据报道,我国已利用高通量筛选技术,选择了10个现代疾病的模型,研究黑茶对人体健康的功能,其中包括降血压、降血脂、降血糖模型,抑制癌细胞扩散模型、提高人体免疫力模型等。通过模型评价发现,茯茶和千两茶对降压、降脂、降糖有显著疗效,对人体脂肪代谢、体重控制很有帮助。因此,黑茶的功能主要表现在抗辐射、防癌、抗癌、助醒酒、促进消化、减肥、延缓衰老、降胆固醇等,能增强大脑中枢神经活动的敏感性,提高思考能力、降血压、抑制动脉硬化等。

思考与实践

请以"主席家乡的茶"为主题,用湖南黑茶编创茶艺表演流程,完成解说词的撰写。

任务评分资料库

普洱茶茶艺表演评价表

序号	测试内容	测评标准	评价结果			
			优	良	合格	不合格
1	姿态	(1)茶具齐全,摆放合理。				
		(2)微笑甜美。				
		(3)走姿端庄,步伐轻盈,挺胸收腹。				
		(4)站姿时,头要正,下颚微收,挺胸收腹,双脚跟合并。				
2	赏茶	(1)取茶时,茶叶不可洒落茶桌。				
		(2)茶荷从左往右时,处于同一水平,高度一致。				
3	温具	茶具干净并有余温。				
4	投茶	茶叶没有外溢。				
5	洗茶	(1)定点冲泡,普洱茶能够在碗中翻滚。				
		(2)公道杯温度提高。				

续表

序号	测试内容	测评标准	评价结果			
			优	良	合格	不合格
6	出汤	（1）碗边有浮沫。				
		（2）三次点碗，茶汤沥尽。				
7	奉茶	（1）茶汤均匀。				
		（2）品茗杯要举到与眉毛的高度一致。				
8	收具	（1）等客人离座后，茶艺师收拾茶台。				
		（2）茶具清洗干净，并归位。				

项目7　茉莉花茶

情境引入

冬天已经到来，春天还会远吗。春暖花开，茉莉花茶给茶客们带了春天的气息。沁意茶艺馆的晓红为客人准备了茉莉花茶，并以春天为主题进行了户外茶会。

任务1　茉莉花茶的品质特征及功效

学习目标

• 能描述茉莉花茶的品质特征与功效。

任务准备

1.请准备一个制作茉莉花茶的视频。

2.请为老师冲泡一壶茉莉花茶，并进行茶汤特点介绍。

相关知识

茉莉花茶（图 4-94），属于窨制茶，茉莉花茶是市场上销量最大的一个花茶种类，茉莉花的香气一直为广大饮花茶的人所喜爱，被誉为可窨花茶的玫瑰、蔷薇、兰蕙等众生之冠。

图 4-94 茉莉花茶外形

一、茉莉花茶的品质特征

茉莉花茶的品质特征是：茉莉花茶主产于福建省福州市及闽东北地区，它选用优质的烘青绿茶，用茉莉花窨制而成。福建茉莉花茶的外形秀美，毫峰显露，香气浓郁，鲜灵持久，泡饮鲜醇爽口，汤色黄绿明亮，叶底匀嫩晶绿，经久耐泡。在福建茉莉花茶中，最为高档的要数茉莉大白毫，它采用多茸毛的茶树品种作为原料，使成品茶白毛覆盖。

二、茉莉花茶的传说

茉莉花茶据说由北京茶商陈古秋所创制。陈古秋为什么想出把茉莉花加到茶叶中去呢？这其中还有个小故事。有一年冬天，陈古秋邀来一位品茶大师，研究北方人喜欢喝什么茶，正在品茶评论之时，陈古秋忽然想起有位南方姑娘曾送给他一包茶叶未品尝过，便寻出那包茶，请大师品尝。冲泡时，碗盖一打开，先是异香扑鼻，接着在冉冉升起的热气中，看见有一位美貌姑娘，两手捧着一束茉莉花，一会儿工夫又变成了一团热气。陈古秋不解，就问大师，大师笑着说："陈老弟，你做下好事啦，这乃茶中绝品'报恩仙'，过去只听说过，今天才亲眼所见，这茶是谁送你的？"陈古秋就讲述了三年前去南方购茶住客店遇见一位孤苦伶仃少女的经历，那少女诉说家中停放着父亲尸身，无钱殡葬。陈古秋深为同情，便取了一些银子给她并请邻居帮助她搬到亲戚家去。三年过去，今春又去南方时，客店老板转交给他这一小包茶叶，说是三年前那位少女交送的。当时未冲泡，谁料是珍品，大师说："这茶是珍品，是绝品，制作这种茶要耗尽人的精力，这姑娘可能你再也见不到了。"陈古秋说当时问过客店老板，老板说那姑娘已死去一年多了。两人感慨了一会儿，大师忽然说："为什么她独独捧着茉莉花呢？"两人又重复冲泡了一遍，那手捧茉莉花的姑娘又再次出现。陈古秋一边品茶一边悟道："依我之见，这是茶仙提示，茉莉花可以入茶。"次年陈古秋便将茉莉花加到茶中，果然制出了芬芳诱人的茉莉花茶，深受北方人喜爱，从此便有了一种新的茶叶品种——茉莉花茶。

三、茉莉花茶的制作

茉莉花茶的窨制是很讲究的。窨制就是让茶坯吸收花香的过程。谓"三窨一提，五窨一提，七窨一提之说"。就是说窨制花茶时，需要窨制 3~7 遍才能使毛茶充分吸收茉莉花的香味。每次毛茶吸收完鲜花的香气之后，都需筛出废花，然后再次窨花，再筛，再窨花，如此往复数次。正规茶行所售茉莉花茶之中一般没有或者只有少量干花，因为厂家加工完成后是需要专人挑拣出干花，特别是高档花茶，但有个别品种，如以闽北茶为毛茶加工的碧潭飘雪，会撒上些许新鲜茉莉花烘成的花瓣加以点缀。

四、茉莉花茶的功效

茉莉花茶又称木梨花、奈花、香花等，常饮茉莉花，有清肝明目、延年益寿、身心健康的食疗功效。首先，茉莉花所含的挥发油性物质具有行气止痛、解郁散结的作用，可缓解胸腹胀痛，下痢里急后重等病状，为止痛之食疗佳品。其次，茉莉花对多种细菌有抑制作用，内服外用，可治疗目赤、疮疡、皮肤溃烂等炎性病症。

【体验园】

以小组为单位，选择茉莉花茶、茉莉花花草茶进行冲泡，并介绍茶汤的香气、滋味。

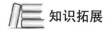 知识拓展

选购和鉴别茉莉花茶的方法

一观形，选购茉莉花茶，最直观的莫属看了。以福建花茶为例：条形长而饱

满、白毫多、无叶者上，次之为一芽一叶、二叶或嫩芽多，芽毫显露。

二闻香，看完条形还不够，因为茉莉花茶不光是条形好看就可以的，很重要的一点也是饮茶者喜欢它的最重要原因——茉莉花香。好的花茶，其茶叶之中散发出的香气应浓而不冲、香而持久，清香扑鼻，闻之无丝毫异味。

三饮汤，通过冲泡能使茉莉花茶的品质得以充分展示，毕竟其作为商品的最主要用途是饮用。观其汤色，闻其香气，品其滋味，方能知其品质。香气浓郁、口感柔和、不苦不涩、没有异味为最佳。图4-95为茉莉花茶。

图4-95 茉莉花茶

任务2 茉莉花茶茶艺表演

学习目标

●为宾客进行茉莉花茶艺表演。

任务准备

请准备一个茉莉花茶茶艺表演的视频。

相关知识

花茶属于再加工茶，是利用了茶善于吸收异味的特点，将有香味的鲜花和茶一起闷，等茶将香味吸收后再把干花筛除，便可制成花茶。花茶主要以绿茶、红茶或者乌龙茶作为茶坯，配以能够吐香的鲜花作为原料，采用窨制工艺制作而成的茶叶。冲泡品啜花茶，花香袭人，满口甘芳，令人心旷神怡。

表演花茶茶艺所需茶具（图4-96）：茶船、盖碗、茶具组、废水皿、储茶器、茶荷、茶巾、铜壶。

图4-96 盖碗花茶茶具组合

表演程序：

步骤一：恭请上座（图4-97）

（1）操作方法与说明

茶艺师以伸掌礼请客人入座。

图4-97 迎宾

（2）动作标准

①伸手礼正确。

②微笑甜美。

步骤二：烫具净心

（1）操作方法与说明

①茶艺师提起茶壶，左手掀开碗盖，右手将水柔和地冲入碗中。

②左手揭盖，右手持碗，旋转手腕洗涤盖碗。

③冲洗杯盖，滴水入碗托；左手加盖于碗上，右手持碗，左手将碗托中的水倒入废水皿。

④用茶巾擦干碗盖残水。

⑤左手将"三才"盖打开斜搁置碗托上。

图4-98　净手

（2）动作标准

①冲水时，水量为盖碗的1/3。

②水不外溢。

③碗盖干爽。

步骤三：芳丛探花

（1）操作方法与说明

将茉莉花茶从储茶器中取出置于茶荷内供客人评赏（图4-99）。

图4-99　赏茶

（2）动作标准

手持茶荷的高度适当。

步骤四：群芳入宫

（1）操作方法与说明

用茶针均匀地将茉莉花茶投入盖碗中（图4-100），分量为3克左右。

图4-100 投茶

（2）动作标准

投茶量约铺满盖碗。

步骤五：芳心初展

（1）操作方法与说明

①右手提壶，左手持盖，按照从左到右的顺序，将水冲入碗中，水量是盖碗的1/3，盖好碗盖。

②再将茶汤倒入废水皿中。

（2）动作标准

操作顺畅，水不外溢。

步骤六：飞泉溅珠

（1）操作方法与说明

茶艺师右手提壶冲水，使溅起的水珠像珍珠般晶莹。

（2）动作标准

水量应该是盖碗的七分满。

步骤七：温润心扉

（1）操作方法与说明

双手托起盖碗，置于胸前，按顺时针方向旋转一圈。

（2）动作标准

拿起盖碗的高度合适。

步骤八：敬奉香茗

（1）操作方法与说明

将盖碗双手奉起，递给宾客品饮。

（2）动作标准

双手递出盖碗。

步骤九：一啜鲜爽

（1）操作方法与说明

①右手托碗底，左手从前往后，沿着碗边划开。

②小口品啜茉莉花茶，体味芬芳的茉莉清香。

（2）动作标准

茶艺师的表情应该是表现出享受的状态。

步骤十：反盏归元

（1）操作方法与说明

将茶具收回，意在周而复始，期待下次的相聚。

（2）动作标准

①等客人离座后，茶艺师收拾茶台。

②茶具清洗干净，并归位。

【体验园】

以小组为单位，用玻璃杯进行茉莉花茶茶艺表演。

知识拓展

汉方药草茶

汉方药草茶是在中医理论指导下，将辨证与辨病相结合，将单方或复方的中草药与茶叶搭配，采用冲泡或煎煮的方式，作为防治疾病用的茶方。

汉方药草的制作方法有三种，（见表4-2）：

表4-2　汉方药草制作方法

方法	制作
泡	把所有的茶材依所需要的分量放在杯中，注入沸水，盖上盖子，闷上 15~20 分钟即可。有些药茶还可以反复多泡几次。
煎	依据茶材的特性，经过加工后，用砂锅煎汁，煎好后即可饮服，或者分几次喝完。
调	将药草茶磨成粉末状，加入沸水进行服用，或搅拌成糊状服用。

汉方药草茶饮用注意事项：一是带毒性的茶材需要煎服；二是在服用前必须先咨询医师；三是不能过量，不要因为觉得可惜就多服；四是注意饮用的时间；五是不要和西药一起搭配饮用。

药草茶有调理的作用，在医师的指导下，确定该药草茶适合自己的体质，便可选用一定的配方进行饮用。

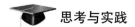 思考与实践

请用茉莉花和毛尖调制一杯茉莉花茶，对比窨制茶与调制茶之间的优缺点。

任务评分资料库

茉莉花茶艺表演评价表

序号	测试内容	测评标准	评价结果			
			优	良	合格	不合格
1	姿态	（1）伸手礼正确。				
		（2）微笑甜美。				
2	温具	（1）冲水时，水量为盖碗的1/3。				
		（2）水不外溢。				
		（3）碗盖干爽。				
3	赏茶	手持茶荷的高度适当。				
4	投茶	投茶量约铺满盖碗。				
5	洗茶	（1）操作顺畅，水不外溢。				
		（2）水量应该是盖碗的七分满。				
6	润茶	拿起盖碗的高度合适。				
7	奉茶示饮	（1）双手递出盖碗。				
		（2）茶艺师的表情应该是表现出享受的状态。				
8	收具	（1）等客人离座后，茶艺师收拾茶台。				
		（2）茶具清洗干净，并归位。				

项目 8　擂茶

民族茶艺有着浓郁的地方色彩。借着元宵节的喜庆，沁意茶馆为茶客准备了一场擂茶茶艺表演，渲染了热闹的气氛，也让各位茶客好好地感受山区人民的热情。

任务 1　擂茶的制作及功效

●能描述擂茶的制作与功效。

1. 请准备一个制作擂茶的视频。
2. 介绍擂茶的功效。

擂茶是一枝独秀的奇葩。这一习俗一般只在客家人中存在。

一、擂茶的概况

擂茶（图 4-101）是流行于两湖、两广、川、闽、赣、黔部分地区的古老茶俗，既是人们的日常饮品，又是待人接物、结交亲友的重要仪式。擂茶是将生米、茶叶与生姜等浸泡后擂研成糊，拌上韭菜、菜豆等，加适量的细盐，入锅加温水煮成茶粥。饮时舀入碗里，撒上油炸的花生仁、碎糯米糍、酥黄豆、熟芝麻等佐料，保存了宋元时期民间饮茶附以佐料的习俗。

各地擂茶制作方法各有不同，尤其是配料的选择差别较大。按地域和族群可以分为客家擂茶和湖南（非客家）擂茶两大类。比如福建西北部民间的擂茶是用茶叶和适量的芝麻置于陶制的擂罐中，用茶木棍研成细末后加滚开水而成；广东的清远、英德、陆河、揭西、普宁等地聚居的客家人所喝的客家擂茶，是把茶叶放进牙钵（内壁有纹路的擂茶陶盆）擂成粉末后，依次加上熟花生、芝麻后旋转研捣，再加上少许盐和香菜，用滚烫的开水冲泡而成；湖南的桃花源一带有喝芝麻擂茶的特殊习俗，是把茶叶、生姜、生米放到山楂木做的碾钵里擂碎，然后冲上沸水饮用。

图 4-101　擂茶

二、擂茶的传说

揭西擂茶有其美妙的传说。相传北宋时，潘仁美奉宋太宗之命南下征服南汉王朝，派一小分队途经揭西进攻广州。到了河婆镇因为士兵大都是北方人，加之天气炎热、水土不服，士兵们纷纷上吐下泻，病势严重，将领们心急火燎，却又束手无策，何婆闻讯赶来，传授了一个秘方，用"三生汤"——擂茶治病。根据需要，她吩咐一些人去摘茶叶，一些人去挖生姜，一些人去碾米，一些人去找擂钵和棒子。等把这些东西办齐以后，很快就制成了大量的擂茶。因用擂钵，而称"擂茶"。

何婆说给那些病倒的士兵每人喝一大碗滚烫的擂茶，然后蒙头盖脑睡上一觉。次日醒来，人人浑身大汗，个个大打喷嚏。说也奇怪，病人们都痊愈了。后来，征南人马有一部分留下来屯田，于是擂茶不但在揭西县，而且在粤北、湘西、赣南等客家人聚居的地方流传下来，成为客家饮食民俗的一大特色。

三、擂茶的制作

制作擂茶除了要用好茶、芝麻为主要原料外，配料可随时令变换。春夏湿热，可采用嫩的艾叶、薄荷叶、天胡荽；秋日风燥，可选用金盏菊花或白菊花、金银花；冬令寒冷，可用桂皮、胡椒、肉桂子、川芎。还可按人们所需，配不同料，形成多种多样、多功能的"擂茶"。擂茶时，先把芝麻、茶叶等原料放置擂钵内用擂杵细细研磨，待磨成浆状，即用滚烫的开水冲泡，然后以笊篱捞去渣滓，甘润芳香、白如琥珀、清爽可口的擂茶就制成了。图4-102为擂茶制作。

图4-102 擂茶制作

四、擂茶的功效

擂茶只当作一般饮料。若当药用，如祛风寒、消暑气、清火解毒之用，可添加如细叶金钱、艾叶、小叶客食碗（马蹄金）、班笋菜（荠菜）、黄花、薄荷等，同茶叶一起擂烂。各种配料，易熟品，切碎后放入钵内由开水冲熟；难熟的，放入锅内煮熟，同开水一起冲入钵内。

【体验园】

以小组为单位，介绍陆河擂茶。

知识拓展

擂茶礼仪

"茶仪"，是指"仪礼"中的一种名目，旧时向吏胥行贿的礼物就叫"茶仪"。

"茶礼"，是指聘礼，又叫"受茶"，为旧时女子受聘的代名词。陈耀文《天中记》卷四十四"种茶"云："凡种茶树必下子，移植则不复生，故俗聘妇必以茶为礼，义固有所取也。"

"茶食"，是指婚嫁时用糕饼点心之类招待客人。

"茶会"，是指旧中国商人在茶楼进行交易的一种集会。各业各帮一般都有其约定的茶楼作为集会地点，商人在饮茶时商谈行市，进行买卖。如此，等等。

如果说擂茶是朴实无华的"母"，那么厥后的茶是经过梳妆打扮的"女"，"母女"的血缘关系是无论如何也割不断的。这种文化背景是擂茶能在客家地区传承的一个重要前提。

任务 2　擂茶茶艺表演

学习目标

●为宾客进行擂茶茶艺表演。

任务准备

请准备一个擂茶茶艺表演的视频。

相关知识

制作擂茶时，擂者坐下，双腿夹住一个陶制的擂钵，抓一把绿茶放入钵内，握一根半米长的擂棍，频频舂捣、旋转。边擂边不断地给擂钵内添些芝麻、花生仁、草药（香草、黄花、香树叶、牵藤草等）。待钵中的东西捣成碎泥，茶便擂好了。然后，用一把捞瓢筛滤擂过的茶，投入铜壶，加水煮沸，一时满堂飘香。品擂茶，其味格外浓郁、绵长。

擂茶茶艺表演程序：

步骤一：行礼迎嘉宾（图4-103）

图4-103　迎宾

（1）操作方法与说明

音乐响起，左右主泡步履轻盈地步入表演场，面对来宾行礼。

（2）动作标准

①走姿端庄，步伐轻盈，挺胸收腹。

②站姿时，头要正，下颚微收，挺胸收腹，双脚跟合并。

③微笑甜美。

步骤二：备具以擂茶

（1）操作方法与说明

茶艺师以伸掌礼请客人入座。

①左右主泡相互点头示意。

②左主泡回后场取出一托盘，上摆放废水皿、茶巾碟、茶巾、竹筒架、竹签。

③右主泡放在桌上，并将其中一条茶巾铺在废水皿下方。

④左右主泡再相互点头示意，一起回后场，左主泡取擂钵，置于茶巾上，右主泡取擂棒，置于竹筒架上。

⑤左右主泡再回后场，右主泡取茶壶，置于竹筒架旁边，左主泡手托托盘，上摆六只茶碟。

（2）动作标准

茶具整齐，顺序正确。

步骤三：干茶来鉴赏（图4-104）

（1）操作方法与说明

左右主泡将茶品及佐料介绍给观众，回到表演台前，准备冲泡。

图 4-104　赏茶

（2）动作标准

茶叶与其他辅佐材料完整。

步骤四：涤器以备用（图4-105）

（1）操作方法与说明

①右主泡将擂棒交给左主泡，提起茶壶冲洗擂棒。

②左主泡将洗好的擂棒交给右主泡并将其擦净，由右主泡放回原处。

图4-105　涤器

③左主泡将擂钵拿起，轻轻晃动，把擂钵中的水倒进废水皿，把擂钵放回原处。

④两主泡相互示意，左主泡取竹签，用茶巾擦干净。

⑤右手以兰花指的手势拿起茶匙。

⑥左手拿起茶荷，用茶匙将茶叶轻拨入盖碗中。

（2）动作标准

水不外溢，茶具干净。

步骤五：置茶与佐料（图4-106）

（1）操作方法与说明

置茶：左主泡用竹签将茶品及佐料一一倒入擂钵中，再用毛巾擦拭竹签，放回原处。

（2）动作标准

置茶与佐料的顺序正确。

步骤六：擂茶均匀姿势

（1）操作方法与说明

①右主泡拿起擂棒交给左主泡，右主泡手扶擂钵，左主泡手持擂棒（左手在

上，右手在下），捣擂钵中的佐料。

②左右主泡可轮流捣。

③左主泡手拿擂棒，右主泡提水壶将擂棒上的佐料冲入擂钵中。

④右主泡手提擂棒，左主泡用茶巾擦净擂棒。

图 4-106　投料

（2）动作标准

茶叶与佐料相互融合、显均匀。

步骤七：高山冲茶料

（1）操作方法与说明

左主泡手扶擂钵，左主泡提壶往擂钵中注入沸水。

（2）动作标准

茶汤均匀。

步骤八：分茶显公正

（1）操作方法与说明

①左主泡取出第三托茶具（六个茶碗、一把茶勺），右主泡取茶勺，用茶勺从擂钵中将泡好的茶汤盛入茶碗中，再用竹签搅匀茶汤。

②用茶巾擦拭竹签，搅拌茶汤，再用毛巾擦拭竹签放回原处。

（2）动作标准

每碗的茶汤都一样。

步骤九：奉茶表心意

（1）操作方法与说明

左右主泡相互示意，捧着托盘来到宾客前敬茶。

（2）动作标准

茶汤没有外溢，并送到宾客前方。

步骤十：收具谢礼仪

（1）操作方法与说明

①茶艺师将分散在茶桌面的茶具，按从左往右的顺序收于茶桌中间。

②向宾客表示感谢。

（2）动作标准

①等客人离座后，茶艺师收拾茶台。

②茶具清洗干净，并归位。

【体验园】

以小组为单位，进行角色分派，为同学们表演擂茶茶艺。

知识拓展

白族三道茶

白族三道茶，白族人称它为"绍道兆"。这是一种宾主抒发感情，祝愿美好，并富有戏剧色彩的饮茶方式。喝三道茶，当初只是白族人用来作为求学、学艺、经商、婚嫁时，长辈对晚辈的一种祝愿。应用范围已日益扩大，成了白族人民喜庆迎宾时的饮茶习俗。

第一道茶，称之为"清苦之茶"，寓意做人的哲理："要立业，先要吃苦"。制作时，先将水烧开。再由司茶者将一只小砂罐置于文火上烘烤。待罐烤热后，随即取适量茶叶放入罐内，并不停地转动砂罐，使茶叶受热均匀，待罐内茶叶"啪啪"作响，叶色转黄，发出焦糖香时，立即注入已经烧沸的开水。少顷，主人将沸腾的茶水倾入茶盅，再用双手举盅献给客人。由于这种茶经烘烤、煮沸而成，因此，看上去色如琥珀，闻起来焦香扑鼻，喝下去滋味苦涩，故而谓之苦茶，通常只有半杯，一饮而尽。

第二道茶，称之为"甜茶"。当客人喝完第一道茶后，主人重新用小砂罐置茶、烤茶、煮茶，与此同时，还得在茶盅内放入少许红糖、乳扇、桂皮等，待煮好的茶汤倾入八分满为止。

第三道茶，称之为"回味茶"。其煮茶方法与上相同，只是茶盅中放的原料已换成适量蜂蜜，少许炒米花，若干粒花椒，一撮核桃仁，茶容量通常为六七分满。饮第三道茶时，一般是一边晃动茶盅，使茶汤和佐料均匀混合；一边口中"呼呼"作响，趁热饮下。这杯茶，喝起来甜、酸、苦、辣，各味俱全，回味无穷。它告诫人们，凡事要多"回味"，切记"先苦后甜"的哲理。

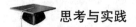 思考与实践

讲述"龙虎斗"地方茶艺。

任务评分资料库

擂茶茶艺表演评价表

序号	测试内容	测评标准	评价结果			
			优	良	合格	不合格
1	姿态	（1）茶具齐全，摆放合理。				
		（2）微笑甜美。				
		（3）走姿端庄，步伐轻盈，挺胸收腹。				
		（4）站姿时，头要正，下颚微收，挺胸收腹，双脚跟合并。				
2	赏茶	茶叶与其他辅佐材料完整。				
3	温具	水不外溢，茶具干净。				
4	置茶	置茶与佐料的顺序正确。				
5	擂茶	茶叶与佐料相互融合、显均匀。				
6	冲水	茶汤均匀。				
7	分茶	每碗的茶汤都一样。				
8	奉茶	茶汤没有外溢，并送到宾客前方。				
9	收具	（1）等客人离座后，茶艺师收拾茶台。				
		（2）茶具清洗干净，并归位。				

项目 9　茶事服务

情境引入

今天茶艺师晓洪接待了贵宾伍先生。伍先生带了刚从新西兰回来的朋友张小姐一起来品茶。晓洪给他们准备了一间独立茶室。在品茶的过程中，晓洪还为张小姐介绍了中国茶与欧洲茶叶的不同，更重要的是向她介绍了中国茶叶的冲泡方法。

任务 1　茶事服务流程和不同国别、地区饮茶习俗

学习目标

- 能描述茶艺馆大厅服务的流程和方法。
- 能介绍日式和韩式茶道精神。

任务准备

1. 请准备一个茶艺馆茶事服务的案例。
2. 请准备韩国、日本茶道表演视频。

相关知识

在茶艺馆的经营中，茶艺师能为宾客提供具有专业水平的茶事服务是最基本的职责。茶艺师应在服务的过程中让宾客感受到茶文化的特色，并在无形中向宾客推销茶产品及其服务。茶事服务是茶艺师在服务过程中必须要掌握的一项基本技能。

一、茶艺馆大厅茶事服务程序

茶艺员在大厅为宾客提供茶事服务，以其工作热情和责任感，使宾客感受到茶艺从业人员努力钻研业务、热情待客，提高服务质量的职业精神，让宾客感受到人们常说的"茶品即人品，人品即茶品"。图 4-107 为茶艺员在大厅服务。

图 4-107　茶艺员大厅服务

1. 准备工作（图 4-108）

（1）迎宾准备。茶艺员应准时到岗，用 2 分钟时间核对预订。

图 4-108　准备工作

（2）做好仪容仪表的准备，着装符合茶艺馆规范。

（3）做好茶艺馆环境卫生准备。

（4）做好茶具、茶叶准备。

2. 服务工作

（1）迎宾工作，茶艺员在门口引领宾客进入茶艺馆，走在客人左前方 1 米处，将客人引领到门厅，并转告其他同事，将客人引领到适当的茶桌前，为其拉椅、让座、微笑，向客人行 30° 鞠躬礼，并说："祝各位在此度过一段愉快的时光。"再后退三步转身离开。

（2）为宾客点单，茶艺员应站在客人右后方半步处，侧身面对客人，并适当弯腰，与客人间的距离保持在 45 厘米为宜。

（3）根据客人的需求，向其推介茶品（图 4-109），在推介时，有特色的茶应做重点和相对详细的介绍请客人挑选；根据客人点的茶向其推介相应的茶点，并简单介绍茶点与茶的搭配知识。

图 4-109 推介茶品

（4）点单结束后，茶艺员应复述一遍客人所点的茶或茶点，包括数量、口味及特殊要求，征得客人同意后，到收银处盖章下单。

（5）为宾客冲泡所选茶品。

（6）及时为宾客添茶、换茶。

（7）为宾客买单时，注意不要拿错单子，以免买错单，并再次核对人数是否相符，再次检查物品、器皿有无破损；折扣券、面值券应先确认是否过期，并熟悉掌握其用法（图 4-110）。

图 4-110 买单

（8）送客时尽量用姓氏、职务向客人道别，运用礼貌用语如"您慢走，感谢您的惠顾，期待您的再次光临"，并后退 3 步，目送客人离开。

二、不同国别、地区的饮茶习俗

1. 韩国人的饮茶习俗

韩国的饮茶史文化有着悠久的历史，从新罗时代（668 年）算起，已有数千年的历史。

韩国人注重茶礼。在韩国，"茶礼"是指农历每月的初一、十五、在白天举行的祭礼。其茶礼不一定是喝茶，也不一定是有茶，而是一种庄重的仪式。韩国茶道以煮茶法和点茶法为主。

受我国宋代茶艺影响，韩国茶艺以"和、敬、俭、真"为基本精神，其含义是指：

（1）和。要求人们心地善良。

（2）敬。尊重别人，以礼待人。

（3）俭。俭朴廉正。

（4）真。为人正派，以诚相待。

在众多传统茶中以大麦茶最为出名，这与韩国人当地饮食习惯相关。由于气候和地理环境等原因，韩国人的饮食多以烧烤煎炸为主，辅以火锅、泡菜等食物，这些食物会给肠胃带来一些负担，而大麦茶恰好可以起到"缓解和化解"的作用。在进食油腻食物后饮用大麦茶，可以去油、解腻，起到健脾胃、助消化的作用。

2. 日本人饮茶习俗

唐朝时期，中国的茶文化通过禅师传入日本，经过几代人的发展，日本的茶道形成了自己的特色。日本茶道不仅要求有幽雅的环境，而且规定要有一整套煮茶、泡茶、品茶的程序。日本茶道一般在茶室中进行，接待宾客时，待客入座，有主持仪式的茶师点炭火、煮开水、冲茶或抹茶，然后献给宾客。宾客需恭敬地双手接茶，先致谢，然后三转茶碗，清品，慢饮，奉还。饮茶完毕，按照习惯，客人要对茶具进行鉴赏，赞美一番。最后，客人向主人跪拜告别。

日本人喝茶，以绿茶为主，其中麦茶尤为受欢迎，麦茶与其他谷类混合，我们叫薏仁米，中医学有消炎、润肌等功效之说。所以日本人喝茶并非只是为了消暑解渴，同时也是为了保健。

3. 美国饮茶习俗

美国的茶叶市场，18 世纪以武夷茶为主；19 世纪以绿茶为主；20 世纪以后红茶数量剧增，占了绝大部分市场。和英国喝茶方式有很大差异，美国人喜爱喝加了柠檬的冰红茶（图4-111）。

图4-111　柠檬红茶

制作方式比较简单：以红茶冲泡或用速溶，放入冰箱冷却，引用时杯中加入冰块、方糖、柠檬、蜂蜜或甜果酒调饮，开胃爽口。冰茶是一种低卡路里的饮料，不含酒精，有益于身体健康。

4. 东南亚地区的饮茶习俗

东南亚主要的饮茶国家有越南、老挝、柬埔寨、缅甸、泰国、新加坡、马来西亚、印度尼西亚、菲律宾、文莱等。这些国家的人民受华人饮茶风俗影响，历来就有饮茶习俗。饮茶方式也多种多样：既有饮绿茶、红茶的，也有饮乌龙茶、普洱茶、花茶的；既有饮热茶的，也有饮冰茶的；既有饮清茶的，也有饮调味茶的。

【体验园】

以小组为单位，选择日本、韩国茶礼的茶艺表演进行演绎。

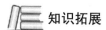 **知识拓展**

新加坡和马来西亚的饮茶习俗

新加坡和马来西亚肉骨茶，就是一边吃肉骨，一边喝茶。肉骨，多选用新鲜带瘦肉的排骨，也有用猪蹄、牛肉或鸡肉的。烧制时，肉骨先用作料进行烹调，文火炖熟。有的还会放上党参、枸杞、熟地等滋补名贵药材，使肉骨变得更加清香味美，而且能补气生血，富有营养。而茶叶则大多选自福建产的乌龙茶，如大红袍、铁观音之类。吃肉骨茶时，有一条不成文的规定，就是人们在吃肉骨时，必须饮茶。如今，肉骨茶已成为一种大众化的食品，肉骨茶的配料也应运而生。在新加坡、马来西亚，以及中国的香港特别行政区等地的一些超市内，都可买到适合自己口味的肉骨茶配料。

泰国的饮茶习俗

泰国腌茶：泰国北部地区，与中国云南接壤，这里的人们有喜欢吃腌茶的风俗，其法与出自中国云南少数民族的制作腌茶一样，通常在雨季腌制。腌茶，其实是一道菜，吃时将它和香料拌和后，放进嘴里细嚼。又因这里气候炎热，空气潮湿，而吃腌茶时，又香又凉，所以，腌茶成了当地世代相传的一道家常菜。

越南的玳玳花茶

越南毗邻中国广西，饮茶风俗有些与中国广西相仿。此外，他们还喜欢饮一种代代花茶。代代花（蕾）洁白馨香，越南人喜欢把代代花晒干后，放上3~5朵，和茶叶一起冲泡饮用。由于这种茶是由代代花和茶两者相融，故名代代花茶。代代花茶有止痛、去痰、解毒等功效。一经冲泡后，绿中透出点点洁白的花蕾，煞是好看；喝起来芳香又可口。如此饮茶，饶有情趣。

任务2　为宾客提供独立茶室服务

学习目标

●为宾客提供独立茶室服务。

任务准备

1.请准备一个茶艺馆服务视频。
2.学习如何向宾客推销茶叶。

相关知识

茶事服务接待的工作流程如下：
步骤一：准备工作（图4-112）
（1）操作方法与说明
①做好独立茶室的环境工作。

②做好独立茶室的茶具、茶叶准备。

图4-112　准备工作

（2）动作标准

①干净卫生，播放背景音乐。

②茶室的专用茶具清洁干净。

步骤二：迎宾（图4-113）

（1）操作方法与说明

面带微笑，主动向客人问好，带领客人进入独立茶室，打开灯光。

图4-113　迎宾

（2）动作标准

微笑要适当，引领的礼仪知识要正确运用，能主动为客人开门。

步骤三：备具

（1）操作方法与说明

根据客人的实际人数，进行加撤茶具。

（2）动作标准

一人一茶具。

步骤四：上迎宾茶

（1）操作方法与说明

为客人上热毛巾，斟礼貌茶。

（2）动作标准

毛巾是温热的。

步骤五：推销茶品（图4-114）

（1）操作方法与说明

①向宾客推销茶品，在推销时，有特色的茶应做重点和相对详细介绍，请客人挑选。

②根据客人点的茶向其推销相应的茶点。

图4-114　推销茶品

（2）动作标准

简单介绍茶点与茶的搭配知识。

步骤六：泡茶（图4-115）

（1）操作方法与说明

①根据客人所点的茶品进行准备并冲泡。

②能根据茶叶的特性、冲泡的次数、客人饮茶的习惯更换茶叶。

图4-115　冲泡

（2）动作标准

在宾客饮茶过程中，能够及时为宾客添茶。

步骤七：送客

（1）操作方法与说明

送客时运用礼貌用语如"您慢走，感谢您的惠顾，期待您的再次光临"，并后退3步，目送客人离开。

（2）动作标准

送客时能用姓氏、职务向客人道别。

【体验园】

以小组为单位，进行独立茶室服务。

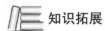知识拓展

茶艺表演注重个人形象的传播

茶艺表演中要求个人仪表端庄、仪态庄重、注意力集中、态度认真、姿态优美、温文尔雅、细致入微，还要表现得灵巧、干净卫生。特别强调的是要与礼仪及社会文明结合起来，体现民族文化及传统美德。茶艺表演把品茶过程作为艺术形式搬上舞台，有其艺术性塑造，显示其艺术特征，每个步骤的艺术形式，都有特定的含义，能体现特定的文化内涵和精神意境。

（1）注重表演者的外在形象美，即外饰形象的美观，外饰指穿着打扮所展现的形象，包括表演者的服装、表演者对环境的装饰。茶艺师要展现典雅、庄重、

清秀，适当的淡妆及合身的典雅服饰，这是茶艺表演的重要形象特征。

（2）要体现个性特点。注重表演者的表情形象美，由心里发出的表情甜美、精神活现，给人以亲切友善感，可有效地拉近与观众的距离，还可给观众留下深刻的印象或在心里产生较深刻的影响。表情美学的表现要旨是：友情坦诚、率真自然、适度得体、温文尔雅。具体地说，表情美学的表现要旨有以下四个方面：以表情传播友好，表情可以流露和传播人的思想感情；把握好最初的表情；善于恰到好处地运用眼神；充分发挥微笑的魅力。

（3）要展示表演者身姿形象美，茶艺表演过程身体所呈现的姿态。茶艺表演时让观众看到的不仅是双手，而且是包括表演者的整个身体，观众一目了然，是茶艺表演塑造形象美的必要内容，因而也是很强调美的。

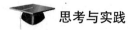

思考与实践

如何为团队提供会议茶水服务？

任务评分资料库

序号	测评内容	测评标准	评价结果			
			优	良	合格	不合格
1	准备工作	（1）干净卫生，播放背景音乐。				
		（2）茶室的专用茶具清洁干净。				
2	迎宾	微笑要适当，引领的礼仪知识要正确运用，能主动为客人开门。				
3	备具	一人一茶具。				
4	上迎宾茶	毛巾是温热的。				
5	推销茶品	简单介绍茶点与茶的搭配知识。				
6	泡茶	在宾客饮茶过程中，能够及时为宾客添茶。				
7	送客	送客时能用姓氏、职务向客人道别。				

模块小结

本模块主要是从技能的角度，阐述基本茶类的特点、冲泡的要求以及进行茶艺表演的流程，能为宾客提供各类代表茶叶的茶事服务，能根据场所和人数的变化，选择合适的服务流程进行茶艺馆大厅、独立茶室服务；在与宾客交流的过程中，能为宾客介绍各地区、各国独特的茶事服务。

综合实操训练

为接待来自新疆的贵宾，沁意茶馆茶艺师小花做了独立茶室服务的准备，同时选择了武夷岩茶大红袍为客人进行茶艺表演。

福建八马泡法

一、实操要求

（1）通过福建八马泡法的行茶法操作，理解福建武夷山茶的冲泡方式与凤凰单丛冲泡方式的区别。

（2）从中体会中国茶道明伦序、尽礼仪的儒家精神，了解小中见大、虚实赢亏的哲理和中华儿女对生的圆满、充实和同甘共苦的理想精神的追求。了解中国茶德俭、美、和、敬的丰富内涵。

二、实操准备

（1）仿真茶艺馆实训场地或舞台。

（2）茶艺师服饰。

（3）茶具准备：

①主泡器：盖碗；

②辅助用具：辅助茶器：茶船、品茗杯、公道杯、茶虑、储茶器、茶具组、废水皿、茶荷、茶巾、随手泡。

（4）茶叶：武夷大红袍。

（5）多媒体教具，包括手提电脑、音箱、投影仪、摄像机等。

三、实操方法

小组讨论、小组演示、教师演示。

四、实操组织

（1）组织学习小组。将学生分为5人一组，一人担任组长，各组员分工完成以下报告表。在此模块中，组内学生进行交流与合作。

小组分工表

活动时间：	
组长：	组内成员：
资料收集方式：	
任务分工情况：	
报告内容：	

报告小组：

（2）提供多媒体教室用于课程的资料收集。

（3）课前准备中，教师必须指导学生准备好专业茶室的布置；准备评价标准，向学生讲解评分重点；准备实训设备，茶具、茶叶、多媒体设备等。

（4）课内组织学生观看武夷大红袍茶艺表演视频，使学生了解茶艺表演的流程；引导学生根据具体要求讲述主题，选择背景音乐；组织学生选择讲述时的服饰；再引导学生根据讲述的主题，布置茶桌和器具；引导学生根据主题，编写解说词；向学生讲解实训操作的流程与要注意的问题，如服务要求等。

五、实操过程

序号	实训项目	问题思考	完成情况记录	时间
1	选择背景音乐	冲泡大红袍，应该选取什么音乐？		15 分钟
2	选择服饰	清朝时期的女子应该穿什么服装？男子呢？		15 分钟
3	茶桌布置	冲泡大红袍，需要哪些茶具？		45 分钟
4	编写解说词	应该按什么流程进行讲述？		30 分钟
5	讲述练习	在为宾客讲述的过程中，需要重点讲述哪方面的内容？		75 分钟
6	为宾客讲述泡饮法	冲泡的过程与讲述是否能够同步？对小组的讲述进行拍摄和评价。		45 分钟

六、实训小结

通过本次实训，我学到了：

_____

_____

_____

七、实操评价

八马泡法评分表

序号	项目	要求与标准	评价结果			
			优	良	合格	不合格
1	姿态	头要正，下颚微收，神情自然；胸背挺直不弯腰，沉肩垂肘两腋空，脚平放，不跷腿，女士不要叉开双腿。				
2	备具	茶船、盖碗（茶瓯）、品茗杯、茶荷、杯托、茶具组、茶巾、随手泡、茶叶罐。				
3	温具	用开水回旋注入茶瓯，将瓯中开水倒入品茗杯中，然后进行烫杯。				
4	赏茶	用茶则盛茶叶倒入茶荷，请客人观赏。				
5	置茶	用茶匙将茶叶拨入茶瓯中，投放量为瓯的三四成满。				
6	洗茶	用沸水从瓯边冲入，加盖后倒入品茗杯。				
7	冲茶	用沸水并采用悬壶高冲的方法，按一定方向冲入瓯中。				
8	刮沫	用瓯盖轻轻刮去漂浮在茶汤表面的泡沫，盖上瓯盖泡一分钟。				
9	斟茶	先将品茗杯中的水倒掉，再将瓯提起，把茶水巡回注入茶杯中。				
10	点茶	倒茶后，将瓯底最浓的少许茶汤，一滴一滴地分别点到各茶杯中（七八分满）。				
11	奉茶	用双手端起杯托置于胸前，脸带微笑将茶敬奉给客人。				
12	品茗	介绍品茶的方法，先闻香，后观色，再小口品尝。				
13	收具	将所用茶具收拾好，清洁茶台，洗净茶具。				

模块五　茶艺馆日常经营

模块简介

茶艺馆实体店日常经营是综合运用茶艺服务、冲泡茶品技术、识别茶品等方面的基本技能，在实体店铺提供茶事服务，传播茶文化艺术，向宾客推销茶品，满足客人追求和、敬、清、静的品茶需求，注重茶艺馆的卫生控制，严格执行收银程序和日常盘点程序，达到盈利目的。

茶艺馆网店营销是从建立网店技能的角度出发，根据需求建立网店，进行网店基本装修，及时更新与上传宝贝（产品）数字化包装；能根据网店营销策略，与客户沟通并以营销的视角制订网店营销计划，建立相关售后服务群体，并掌握产品的宣传、客户答疑等基本方法。

项目1　茶艺馆实体店日常经营

情境引入

2017年1月7日星期天，上午10点广州东湖公园旁的茶缘茶庄店长小刘正在主持开店前的班前会，给茶艺师们讲述当天订位情况、营业的注意事项。原来今天11点，以"谈国学、品香茗"为主题的茶会活动将在此举行。参加活动的宾客将会带来各自的茶席茶品，或即席挥毫，或谈论国学。为了保证该活动的顺利进行，店长小刘在早会期间向各位茶艺师提出了工作的要求，安排不同的人员检查举办该活动使用的文房用品、茶具、煮水用具是否齐备，电子设备、音响是否正常，各套茶席、公共区域和洗手间的卫生是否达标。

任务1　茶艺馆实体店日常经营概述

- 能描述茶艺馆实体店日常经营的定义、基本工作流程、经营类别。
- 能描述茶艺馆实体店日常经营班前会的基本要求。
- 能描述开店前检查硬件设备的技术要求。
- 能描述营业期间提供茶品服务流程的操作要求。
- 能描述根据不同消费群体推销茶品。

1. 准备一个包含不同类型茶艺馆实体店的简介视频。
2. 归纳不同类型茶艺馆实体店的经营特点。

一、茶艺馆实体店日常经营的定义

茶艺馆实体店日常经营是综合运用茶艺服务、冲泡茶品技术、识别茶品等方面的基本技能，在实体店铺提供茶事服务，传播茶文化艺术，向宾客推销适合其口味的茶品，满足客人追求和、敬、清、静的品茶需求，注重茶艺馆的卫生控制，严格执行收银程序和日常盘点程序，达到盈利目的。

二、现代茶艺馆的分类

1. 文化型茶馆

正统茶道，配以传统文化中的琴棋书画，中式风格的装修陈设，格调高雅。

2. 商务型茶楼

装修精美，配套商务办公设备完善，主要供白领阶层和商务人士交接往来，洽谈业务。

3. 娱乐休闲型茶馆

轻松舒适的装修风格，不仅有各类茶品，还提供茶食茶点，适合亲朋好友聚会休闲。

4. 个性型茶馆茶楼

装修别致，突出个性。茶品在传统基础上有所改良，情调浪漫温馨，适合年轻人、情侣、个人休闲放松。

5. 女性型茶楼

这类茶楼主要是针对女性朋友，开发各类美容养颜的花茶。

三、茶艺馆日常经营管理的基本程序（图5-1）

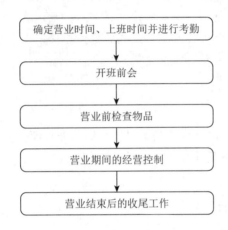

图 5-1 茶艺馆日常经营管理基本流程

四、典型工作任务

结合"谈国学、品香茗"茶聚活动，店长如何开展一天的经营管理工作呢？

1. 根据营业时间制定合理的上班时间并进行考勤

大多数茶艺馆的顾客白天要工作，从中午开始到晚上才有空闲时间参加茶聚活动，营业时间是从早上 10：00 到晚上 10：00；店长要提早 1.5~2 小时到店，采用打卡考勤制度；茶艺师提早 1 小时到店，采用打卡与签名并用的考勤制度。月末，根据考勤状态，对全勤的员工额外奖励 300 元的全勤奖。迟到 1 次或请假 1 天，不能拿奖。

店长提前一个星期公布排班更期表，要求茶艺师遵守并执行。

2. 店长跟茶艺师开班前会的内容

店长开班前会的主要内容包括以下方面：

（1）要求茶艺师穿好工衣才可以参加班前会。

（2）签到考勤或店长点名考勤。

（3）检查穿着的规范，对未达标的茶艺师提出马上整改，能指导其改正并达到要求。

（4）店长检查茶艺师个人卫生，如剪好指甲、头发整洁、身体、口腔无异味。

（5）提出当天活动主题"谈国学、品香茗"的重点工作。图5-2为场地布置时需要的文房四宝。

图5-2　文房四宝

分配各茶艺师分管场地布置、灯光、音响、麦克风、多媒体、电脑、网络的正常运作，国学书籍、字帖、文房四宝的数量要备足，通风、室温保持在25℃。会后半小时检查茶艺师们的准备情况。

（6）提出推销本季节茶品的品种，能向客人讲述该茶品的优点、缺点、适合饮用的人群。

3.营业前，店长应该关注的事情

（1）布置场地　根据茶聚主题、参与人数指挥并布置场地，如课室型、私塾型、U字形、口字形，注意横竖要对齐，前排椅子与后一排桌子要相距50厘米，方便客人、茶艺师出入不会带倒茶具物品。

（2）注重门店形象　灯光要求：把店内所有的节能日光灯、筒灯、LED灯、门店灯箱全部开亮，霓虹灯晚班才开，发现失灵的灯管立即通知电工更换。

（3）检查楼面卫生　检查门店、大门、大厅、厅房的公共区域卫生，无杂物，无灰尘，所有平面不能看到有尘埃。

（4）检查茶具卫生及质量　检查茶具、茶壶无缺口、无裂缝，电水壶正常工作，水烧开后1分钟可以自动关闭电源，酒精炉内液体酒精量低于最高位的水平线，点燃灯芯后，火苗大小适中，火苗不宜过大或过小，火苗高度尽量控制在2厘米以内。

（5）检查本店供应的茶品数量　掌握本店向客人提供茶品种类及其数量，发现数量低于最低库存量时，着手编写入货计划。

（6）检查国学用品　检查国学书籍、文房四宝的数量充足与否，有关国学的DV能否正常播放。

（7）检查音响设备　调试麦克风的音量、多媒体与电脑的连接顺畅，色彩显示正常无变色，音频输出左右声道音量适中，不刺耳，无回输、无炸麦现象，无线麦克风电池的电量是否足够，并把备用电池充好电。

（8）检查网络　网络连接正常，Wi-Fi发射信号能覆盖茶馆区域，流量及速度适应客人要求，设置好网关及网络密匙。

（9）检查供电　交流电能正常供电，假如停电时，应急灯能马上启动，发电机能在5分钟内正常发电，供本店使用。

（10）保管好客人存放的茶具和茶品　认真保管熟客寄存在本店的茶具、茶品，摆放有规律、安全；对寄存的茶品注意卫生，做好防潮工作。

4. 营业期间，店长应关注的工作重点

（1）迎接宾客安排就座。根据"谈国学，品香茗"的主题活动，安排好参与活动客人的座位。

（2）随时根据要求调整灯光明暗、音响大小。

（3）注意大厅、厅房的通风。

（4）保持大厅、厅房的室内温度在25℃（±2℃）。

（5）熟客到达本店时，对客人寄存的茶具、茶品，店长必须做到认人认杯，做到认人认茶，亲自取出对应的茶具及茶品，交给客人，根据不同客人谈及相应的话题。

（6）敦促茶艺师烧水，协助客人泡茶，如客人有私密的话题，店长和茶艺师应识趣地离场，并关上厅房的房门。

（7）店长熟悉本店的茶品，能向客人介绍适合本季节的茶品、茶品的特点、优点，向客人推荐符合其口味的茶品而不是最贵的茶品；做到边赏茶、边动手泡茶、边讲茶品，动作轻柔、语音清晰、语调柔和，能自如地与客人面对面地交流品茶心得，能耐心地倾听客人谈心事。

5. 营业结束后，店长还需处理的事情

（1）督促茶艺师收拾茶具，还原场地，恢复所有曾经搬动过的家具。

（2）检查茶具的清洗、消毒，茶具达到无茶渍、无水滴、无水痕。

（3）通知卫生班同学打扫卫生间、清理废纸、擦洗洗手盆。

（4）整理当班销售的茶品茶点的营业情况，汇总当天营业情况，制作电子表格，打印当天销售报表。

（5）检查茶艺师盘点情况的真实性。

（6）关掉多媒体、音响、电脑设备，再关掉电源，保管好麦克风。

（7）做好安全检查，关好所有门窗，先关闭店内的 LED 灯、电水壶的电源、插出电插座，再关闭电箱的灯、插座的开关，最后离店锁门。

【体验园】

以小组为单位，轮流由组员扮演店长，其他组员扮演茶艺师，模拟店长在营业前的准备工作，并拍摄每一位店长开班前会的表现，把所有的班会视频分别在课堂上播放，让同学们评讲视频当中模拟店长做得好与不足之处，达到所有学生都能熟练地开班前会，知道茶艺馆经营的各项流程，以及会做相关流程相对应的工作。

知识拓展

武夷山市北斗岩茶研究所所长陈拯在接受海峡导报采访时说，"品茶论英雄，资深茶客认可的茶，才能在茶行业有自己的地位"。武夷山茶文化历史悠久，铁观音和岩茶同属一个茶类，岩茶包含很深的茶文化。好山好水出好茶，武夷山先天优良的条件以及武夷岩茶（大红袍）传统制作技艺作为国家级非物质文化遗产，是特殊工艺、产地与做工的完美结合。通过传统工艺技能和传承应用使之相得益彰，以积极的态度加以保护，使传统工艺得到传承延续；包含性很强，需要时间慢慢品味。岩茶属于中性茶，适应人群广，茶性很温和，从年轻人到老年人都适合。它不属于流行的茶，含有很多茶韵，可以典藏。

任务 2　茶艺馆的卫生控制

学习目标

• 能描述开店前检查茶具的卫生要求、品相要求。

• 能描述开店前检查公共区域、卫生间的卫生要求。

• 能描述保管熟客茶具的存放条件及其卫生要求。

• 能描述保管熟客茶品的存放条件及其卫生要求。

任务准备

1. 事前拍摄茶艺馆内每个角落的卫生图片，制作成一个介绍不同类型茶艺馆实体店的卫生要求简介 PPT。

2. 定格每张图片，让学生讲述图片的卫生要求。

相关知识

一、大厅、厅房茶座卫生制度

（1）茶桌椅整洁，地面清洁，玻璃光亮。

（2）要每天清扫两次，每周大扫除一次，达到"三无"，即无蚊子、无蜘蛛、无苍蝇。

（3）不销售变质、生虫茶品。

（4）客人使用过的茶具要洗净、消毒、保洁。

（5）茶艺师上班时要穿戴清洁茶艺工作服，工前、便后洗手消毒。

（6）茶壶内没有水垢，泡茶的矿泉水必须煮沸。

（7）茶艺师工作时禁止戴戒指、手链，涂指甲油。

二、仓库卫生管理制度

（1）茶品仓库实行专用，并设有防鼠、防蝇、防潮、防霉、通风、冷藏、消毒的设施及措施，抽风、抽湿设备并运转正常。

（2）茶品应分类、分架，各类茶品有明显标志，按茶品要求及时冷藏、冷冻保存。

（3）建立仓库进出库专人验收登记制度，做到勤进勤出，先进先出，定期清仓检查，防止茶品过期、变质、霉变、生虫，并提前清理不符合卫生要求的茶品。

（4）茶品不得与气味过浓郁的食材、药品等物品混放。

（5）茶品仓库应经常开窗通风，定期一周清扫一次，并保持干燥和整洁。

三、茶品销售卫生制度

（1）销售进货时已包装好的茶品，其商标上应有品名、厂名、厂址、生产日期、保存期（保质期）等内容，进货时向供方索取茶品卫生监督机构出具的检验报告单，严禁购销产品标志不全或现售现贴商标的茶品。

（2）销售茶品必须无异味、无霉味，禁止出售变质、生虫、掺假、掺杂、超过保存期和其他不符合茶品卫生标准和规定的茶品。

（3）出售直接入口的散装茶品应分小包进行分装，使用工具售货及无毒、无味的、清洁的包装材料，禁止使用废旧报纸包装茶品，所用工具班前应彻底清洗消毒。

（4）从业人员穿戴清洁的工作服，并做到：不留长指甲、长头发、长胡须、不戴戒指，不涂指甲油，操作时不吸烟，不喷味道浓烈的香水。

四、茶品采购、验收卫生制度

（1）采购的茶品必须色、香、味、形符合该茶品的特征，不采购腐败变质、霉变及其他不符合卫生标准要求的茶品。

（2）采购定型包装茶品，商标上应印有清晰的品名、厂名、厂址、生产日期、保存期（保质期）等内容。

（3）运输车辆严禁与其他非物品混运，茶品盛装容器要专茶专用避免混装。

（4）茶品采购入库前应由店长进行验收，合格者入库储存，不合格者退回。

五、除害卫生制度

（1）库房门槛应设立高50厘米、表面光滑、门框及底部严密的防鼠板。

（2）发现老鼠、蟑螂及其他有害害虫应即时杀灭，24小时开亮灭蚊灯。

（3）发现鼠洞、蟑螂滋生穴应即时投药、清理，并用硬质材料进行封堵。

六、卫生检查制度

（1）店长要坚持每天进行公共区域的卫生检查（见图5-3）。

（2）茶艺师检查茶具、茶品的卫生质量纳入工作范围。

（3）收银台物品摆放有条理，桌面整洁划一。

（4）各部门每周进行一次卫生检查。

图5-3　博古架摆设

七、茶艺馆卫生控制基本流程（图5-4）

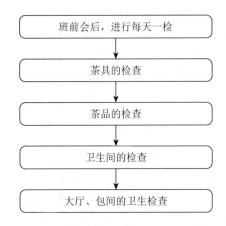

图 5-4　茶艺馆卫生控制基本流程

八、卫生控制的典型工作任务

1.营业前如何检查茶具的卫生符合要求（见图 5-5）

仔细检查每一个茶杯、盖碗、公道杯无缺口、无裂缝，无茶渍、无水痕。煮水的茶壶内胆没有水垢。茶巾、茶床边角没有茶渍、污渍、尘渍。茶道六君子擦拭干净，显示出原木的颜色，凹位不藏尘渍。

图 5-5　茶具摆放整齐

2.当班时如何检查公共区域卫生间的卫生要求

门店、大门、大厅、厅房的公共区域卫生，地面无杂物、无灰尘，所有平面不能看到有尘埃。卫生间地面无水滴，卫生间区域无异味，厕所便池、蹲厕无尿渍、无便渍，洗手盆无褐色的水垢，水龙头出水正常，关闭水龙头无漏水现象，洗手液充足，洗手液瓶子的按压泵可正常使用，备足擦手纸、卫生纸，干手器感应正常工作。

【体验园】

以小组为单位，由组员分别负责清理茶具、公共区域卫生以及检查卫生完成情况，并进行打分，在小结会上讲述完成工作的效果及改进的方面。完成表 5-1 的评分。

表 5-1　茶具卫生检查表

负责人：　　　　　　　　检查时间：　　　　　　　　　单位：个数

茶具种类	无茶渍		无水痕		干燥状态		没有缺口		没有裂缝	
	达标	不达标	达标	不达标	达标	不达标	达标	不达标	达标	不达标
茶杯										
茶壶										
公道杯										
盖碗										
茶床										

检查人：

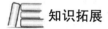 **知识拓展**

清除茶垢、水垢小窍门

清除金属制杯具茶垢：使用金属制的茶隔时，会因茶垢而变得乌黑，如用中型清洁剂也洗不掉，可用煮开的白醋浸泡一晚后可轻易去垢。

如果是陶瓷的杯子就用白色的洗碗布蘸上牙膏后涂抹茶渍，对茶渍和咖啡渍效果非常好，而且不会磨花茶具表面。

使用柠檬切片来擦拭杯缘、茶壶，或者用布包着柠檬切片以煮水的方式来煮柠檬，在加热柠檬片的过程里，茶壶中的水逐渐变得黄浊，这就是柠檬酸清除茶渍的证据。一般来说，两次左右就可以把茶垢清除干净。

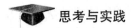 **思考与实践**

茶艺馆门前三包，包括哪些项目？

任务评分资料库

序号	测试内容	测评标准	评价结果			
			优	良	合格	不合格
1	茶艺馆营业前的店面卫生	茶桌椅整洁，地面清洁，玻璃光亮，没有指纹痕迹，达到无蝇、无蜘蛛。				
2	茶具卫生	茶具经消毒后，达到无茶迹、无水滴、干燥的效果。				
3	茶品质量	不同类型茶品具有茶叶清香的香气，通过闻茶叶的气味辨别它的种类及其新鲜程度。				
4	茶艺师的个人卫生要求	（1）茶艺师头发要盘起来，前额的刘海不遮眉毛，工作时禁止戴戒指、手链，不能涂指甲。				
		（2）服装整洁、无污渍。				
5	手部清洗	（1）双手湿润后涂擦洗手液。				
		（2）掌心对掌心搓擦。				
		（3）手指交错掌心对掌心搓擦。				
		（4）两手互握互搓指背。				
		（5）拇指在掌心转动搓擦。				
		（6）指尖在掌心中搓擦。				
		（7）双手没有洗手液的泡沫和香气。				
		（8）手部不接触水龙头。				
		（9）手部干燥、没有水滴。				
6	泡茶用水要求	（1）采用山泉水或经9级过滤的自来水。				
		（2）泡茶用水必须煮沸1分钟。				

任务 3　茶品推销

学习目标

●能识别不同类型顾客群体的消费特征。

●能针对顾客采取有效的提问方式进行茶品推销。

任务准备

1. 自己到茶庄亲自扮演购买茶叶的顾客，亲身体会茶庄老板的推销方式。

2. 归纳不同类型茶庄实体店的推销方式。

相关知识

一、茶艺馆顾客群体的分类及其消费特征

（1）旅游者顾客群体在旅游景点购买茶品，其消费特征多数是一次性行业，顾客讲究特色包装。

（2）团体顾客群体指的是单位企业的采购人员代表茶品最终品尝者统一购买一种或者几种茶品，其消费特征起决定性作用。顾客人数少，但饮用的人数较多，饮用者没有决定购买的选择权，要求茶品的性价比高，价钱偏低，购买量大，不讲究茶品的外包装。

（3）以送礼为目的顾客群体，不计较茶品的价格，但追求茶品知名度，包装高档精美，偏重随机购买。

（4）个人消费的顾客群体是最具复合性的消费群体，该群体有以保健养生为主的消费方式，有以个人品茶喜好为主的消费方式，也有以居家消费经济实惠为主的消费方式，丰俭由人。

二、茶品推销的实战方式

1. 有效提问寻找客户需求

以开放性的提问为主，注意发问的语音语调柔和，发音咬字清晰，微笑待客，注重个人形象，礼貌待人，有效的提问方式。例如：

①您平时习惯喝什么茶?

②您喜欢喝哪一类的茶?

③您试喝这款茶的感觉如何?

④您是如何评价茶的优劣的?

⑤您喜欢喝哪个产区的茶品?

通过有效的简短提问，客户必须以自己的情况回答较长的句子，使销售人员更多地了解客户的情况和想法，并且能把话题扩大，深入探讨顾客的需求，这样销售员就有更大的发挥空间，引导客户往销售员所希望的方向发展。

避免二选一的方式进行提问，发问的句末尽量避免采用"是不是""好不好""对不对"的语句，因为，客户的回答通常是"是""不是""对""不对""好""不好"，无法让客户说出更多的内容，不能更多地了解顾客的特殊需要。

2. 学会聆听

茶艺师在销售时要学会聆听，从聆听中了解客户的真正想法、要求、经历等信息，同时也要学会表现自己，让客户听你的引导，这些都将帮助挖掘顾客的购买能力，迅速成交。

（1）尊重客户

无论对方是茶行业专家，还是对茶品一窍不通；无论是衣着艳丽者，还是老板级人物，抑或普通人员，作为茶艺师都应尊重他们并且礼貌待客。因为客户所提及的问题，都会直接或间接地影响到生意。准确的了解，及时地给予解决，客户不仅会记住你，而且还会肯定茶行。

（2）保持耐心

很多时候，不同的客户反映的问题是相同或相似的，这时作为推销员就要怀着高度耐心去聆听，最忌讳说"你不用说了，这个我知道"或"你可以看说明书，上面有写"。当顾客听到这些语句时，第一反应是销售员不想把产品卖给自己，继而选择离开。

（3）认同客户

在聆听客户的同时要认同客户，并且向客户表达感谢。在交流产品时，客人提出的意见，不能直接或当面反驳，反驳了他，就等于拒绝了他的生意。因此，茶艺师可以这么说："我很同意您对产品的评价和看法。"

交流到服务时，客人提出的意见，要热心接受和采纳，反对了他，就等于拒绝了他的到来。所以，销售人员可以这样说："对极了，我们也是在朝着这个方向努力。"

当客人谈到其他同行的不足时，曾经受过委屈了，作为销售人员要附和他的感受并说："我非常了解你的感受。"

这样使客户觉得被尊重，要让客户感觉销售人员是在与他探讨问题，而不仅只是推销，并且愿意在将来继续光顾下去。

三、明确茶品的产品定位

（1）清晰地了解本店产品种类、产品特性，知道能为客户提供什么。

（2）通过了解客户的需求，知道怎样为客户打造价值、带来利益。

（3）在同客户沟通的整个过程，要不断增强对客户的说服力，引导客户，最终促成交易。

四、根据不同的消费者进行茶叶的销售

（1）面对抱着"我没有特别想买的，只是看看而已"的顾客。销售人员不必计较，当他看后有喜欢上的，肯定买，这一类顾客还是比较容易对付的。

（2）对茶艺师的介绍不理睬，看起来比较冷淡，持有怀疑心。其实这类顾客是在细心倾听，从店员的举动中估量对方是否真诚，可信度如何。这类客人喜欢审视别人，但判断大都正确，非常自信。店员不要胆怯，要自信，实打实地介绍，多进行推心置腹的情感交流，使对方产生共鸣，只要对方认可你，就会购买你的产品，这种人往往会经常光顾，成为回头客。

（3）以年轻人为主的消费群体，茶叶既是传统的，又是时尚的。通过交谈使他们佩服店员的文化底蕴和品位，从而对茶叶产生兴趣，通过宣传茶叶引起他们的好奇心，动员其购买。

（4）以中年人为主的消费群体，实在，有经验，对店员毫不在乎，也不重视推销的茶叶，不发一言，有时也会提出一些让店员难以解答的问题。店员千万不能蒙混过去，问题得不到合适的解释，他们不会购买。店员应用心在意，小心地为他解决问题。对茶叶进行说明时，要说得全面和完整。有时也可以沉默，等顾客提一些问题，再做解答。等其有购买的意愿时，再强调茶叶的优点，乘胜追击。只要一次购买后，认为对他有利或者觉得你坦诚，他会一直购买。但只要有一次欺骗了他，他会永远拒绝你的茶叶。

（5）老年顾客消费群体，要做出一副老实相，不能多说话，更不能抢话头，要全心倾听他们的话。他们觉得你诚实，对你产生好感，以后将会长期帮衬本店的。

（6）文化素质比较高的消费群体能够仔细分析店员的言行真诚与否，再决定是否购买。他们有时对店员很挑剔，爱审视人家，店员也许会感到压抑，但不要放弃。其实他们极易被说服，只要店员在销售上突出茶叶品种特色，他们很快会

购买，他们内心最难忍受的是店员冰冷的态度。

总之，店员要以言语打动人，让想买茶叶的人立即就买，让不想买的顾客做出买的决定，如果说话不到位，会适得其反的。有时要站在顾客的位置上说话，更能激发顾客的心理同感。归纳起来就是：了解需求——消除戒备——抓住要害——满足需求——达成成交。

【体验园】

以小组为单位，轮流由组员扮演茶艺师，其他组员扮演不同类型的顾客，模拟茶品销售工作，并拍摄每一位茶艺师销售茶品的表现，把所有的销售个案视频分别在课堂上播放，让同学们评讲视频当中分析销售对话中做得好与不足之处，达到所有学生都能根据不同顾客群体，成功地销售茶品。

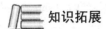 **知识拓展**

茶叶营销技巧

1. 营销技巧——细分顾客心理，细分群体层次

（1）每种茶叶不一定适应每种人，你适合某种。

（2）我推销的茶叶不是顶级，但是最适宜。

（3）分析顾客层次，适用何种产品，帮助顾客寻找合适的产品。

2. 营销员的营销心理——要有正确的心态

（1）不以金额大小论得失。

（2）不以成交与否，带着情绪推搪客人。

（3）不以态度恶善待客。

（4）交易不成人情在，充分理解顾客买的是茶品价值而不是价格。

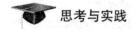 **思考与实践**

请以节日为主题，进行茶品营销活动策划，完成策划案。

任务评分资料库

茶品推销评价表

序号	测试内容	测评标准	评价结果			
			优	良	合格	不合格
1	姿态	（1）鞠躬引导、引领宾客。				
		（2）走姿端庄，步伐轻盈，挺胸。				
		（3）收腹，微笑甜美、明亮。				
		（4）坐姿时，头要正，下颚微收。				
2	现场判断	（1）观察宾客目光；与宾客保持 0.5 米左右距离。				
		（2）询问宾客喜好，注意客人是否不耐烦，及时调整语速，并判断是否终止推介。				
		（3）观察客人接触产品属于兴趣或随意。				
		（4）引导客人注意茶艺馆主推产品；直奔主题推介。				
		（5）询问客人个人特别需求。				
3	推介技巧	（1）推荐时注意客人的态度。				
		（2）展示茶品；触、闻、品。				
		（3）泡茶技巧娴熟。				
		（4）能抓住重点讲解。				
4	计账技巧	（1）能记住优惠度。				
		（2）能快速计算，引导客人消费。				
		（3）根据客人需求量判断推销力度。				
5	送客	（1）观察客人携带物品齐全，并做恰当提醒。				
		（2）距离客人约 1 米，在客人右前方引领客人到门口，并推开门。				
		（3）站在门边目送客人离开。				

任务 4　茶艺馆收银服务

学习目标

- 能描述收银结账的服务流程。
- 能在收到结账信息后1分钟内打印收银结账账单。
- 能在30秒内鉴别100元人民币的真伪。
- 能在1分钟内完成银行卡刷卡业务，并核对持卡人签名的真实性。

任务准备

1. 准备介绍人民币防伪特征的视频。
2. 归纳人民币十大防伪特征。

相关知识

一、使用验钞机鉴别真假人民币

（1）用单一紫光灯管对钞票进行照射，真钞券面没有明显的反光，假钞会发出较强烈的紫蓝色的反光；1990年版的50元、100元以及第五套人民币的纸币真钞有面额的荧光阿拉伯数字如100、50、20、10、5字样，第五套人民币背面有荧光图案。

（2）使用磁性鉴别仪，对真钞的安全线、磁性油墨部位进行测试，会发出有磁性的信号"的的的"的声音；假钞则没有。

（3）使用日光灯对钞票进行照射，真钞水印层次丰富，立体感强，具有浮雕立体效果，有安全线，安全线上有微缩文字；假钞水印模糊，或粗糙，或不清晰，要么没有安全线，要么安全线比真钞稍微粗一点。

二、徒手鉴别人民币

（1）水印观察法：通过迎光透视，真钞水印立体感强，灰度清晰，层次分明，线条平滑；假钞有用浅色油墨压印，有凹凸感，不用照光也很明显；也有用白色水彩画上去，黄褐色、浅黑色，浮在纸面上，显得呆板，失真，模糊不清。

（2）手部触摸法：人民币采用凹版印刷，用手反复触摸凹印部位，如中国人民银行行名、年版号、拼音字母、国徽和装饰花边有凹凸感，而假币用彩色复印，一般手感平滑，没有凹凸感。

（3）纸张识别法：真钞采用专门纸张印刷，持钞票凌空抖动或弹动均可发出清脆的声音，纸质韧、挺括，手感厚实；假钞声音沉闷，纸质绵软，或单薄或蜡滑，揉了几次后手感薄软。

（4）线纹观察法：真钞图案鲜明，花纹纹路精细清楚连接，颜色清晰，有过渡线纹的渐变颜色，光洁度好；假币线纹模糊、间断，呈不连续的网点状，浅色部位缺少点线，几乎空白。

（5）隐形文字观察法：将钞票置于与眼睛接近平行的位置，面对光源做平面旋转45°~135°，可以看到面额数字"100""50""20""10""5"阿拉伯数字。正面观察隐形文字图案位置，显示花纹图案，侧面观察隐形文字图案位置，显示面额数字。

三、人民币真钞的防伪特征

（1）固定水印人像：位于正面左侧空白处，迎光透视，可见到与主景人像相同，立体感很强的水印的毛泽东头像。

（2）红、蓝彩色纤维：在票面上可看到纸张上不均匀的红、蓝彩色纤维。

（3）磁性微缩文字安全线：钞票中的安全线，迎光观察，可见"RMB100"微小文字，仪器检测有磁性。

（4）手工雕刻头像：钞票正面主景的毛泽东头像是采用手工雕刻凹版印刷工艺，形象逼真，传神，凹凸感强，易于识别。

（5）隐形面额数字：钞票正面右上方有一椭圆形图案，将钞票置于与眼睛接近平行的位置，面对光源，做平面旋转45°~135°，可看到面额"100"字样。

（6）胶印微缩文字：票面正面上方椭圆形图案中，多处印有胶印缩微文字，在放大镜下可看到"RMB"和"RMB100"字样。

（7）光变油墨面额数字：正面左下方"100"字样与票面垂直观察为绿色，倾斜一定角度为灰蓝色。

（8）阴阳互补对印图案：票面正面左下方和背面右下方均有圆形局部图案，迎光观察，正面、背面图案重合组成一个完整的古钱币（孔方兄）图案。

（9）雕刻凹版印刷：票面正面主景毛泽东头像、中国人民银行行名、盲文及背面主景人民大会堂等均采用雕刻凹版印刷，用手指触摸有明显凹凸感。

（10）横竖双号码：票面正面采用横竖双号码印刷（均为两位冠字，八位号码）。横号码为黑色（使用磁性油墨印制），竖号码为蓝色。

四、收银服务的典型工作任务

当客人提出结账，收银员打印好账单，茶艺师如何向客人收取费用，完成结账过程呢?

1. 当客人提出结账时，茶艺师应如何做

当客人提出结账或者示意结账时，茶艺师应立即向前，在 2 米的范围内向客人微笑着点头，表示明白客人的意思，然后取出桌旁点餐单，并且说："好的，请稍等，马上为您打印账单。"

假如茶艺馆在这段经营时段内可以使用现金优惠券，还要询问客人有没有优惠券。

假如茶艺馆提供免费停车服务，需要问客人出示停车卡或停车券，以便盖章确认由茶艺馆承担客人停车的费用。

茶艺师迅速地到收银台，把点餐单交给收银员，准确地告知收银员准备结账台房的号码。如果等待结账的台账超过 5 张单，茶艺师在交单后，可以回值台区域继续进行茶事服务，如果等待结账的台账少于 5 张单据，茶艺师可以等待收银员打印账单。

2. 茶艺师拿到账单后，如何快速地开展收银结账服务

茶艺师预计客人将会给的大额人民币，预先问收银员拿取找零的金额，一方面能当场把零钱交给客人，另一方面减少自己来回走去收银台收付现金的次数，提高工作效率。

茶艺师收到大面额人民币时，应在 10 秒钟内辨别一张大面额的人民币的真伪。

茶艺师预计客人需要刷银行卡，可以带上移动刷卡机，当客人提出刷卡消费时，茶艺师可以当场刷卡，打印银联收据，迅速让客人签字，完成结账工作。

【体验园】

以小组为单位，轮流由组员扮演茶艺师，其他组员扮演客人，模拟茶艺师在营业过程中的结账工作，并拍摄每一位茶艺师在不同结账方式下的具体表现，把所有的班会视频分别在课堂上播放，让同学们评讲视频分析茶艺师做得好与不足之处，达到所有学生都能熟练地在 1 分钟内鉴别 6 张真假人民币，以及会做好相关优惠券结账、免费停车券派发、打印餐饮发票等工作。

知识拓展

对持有或发现的假人民币如何处理，以及关于人民币的没收、收缴、鉴定等问题，应依据《中华人民共和国人民币管理条例》(以下简称《条例》)中的规定进行处理。

（1）持有和发现假人民币的处理　《条例》第三十二条规定：单位和个人持有伪造、变造人民币的，应当及时上交中国人民银行、公安机关或者办理人民币存取款业务的金融机构；发现他人持有伪造、变造的人民币的，应当立即向公安机关报告。

（2）有权没收和收缴假人民币的部门　《条例》第三十三条规定：中国人民银行、公安机关发现伪造、变造的人民币，应当予以没收，加盖"假币"字样的戳记，并登记造册；持有人对公安机关没收的人民币的真伪有异议的，可以向中国人民银行申请鉴定。

《条例》第三十四条规定：办理人民币存取款业务的金融机构，发现伪造、变造的人民币，数量较多，有新版的伪造人民币或者有其他制造贩卖伪造、变造人民币线索的，应当立即报告公安机关；数量较少的，由该金融机构两名以上工作人员当面予以收缴，加盖"假币"字样的戳记，登记造册，向持有人出具中国人民银行统一印制的收缴凭证，并告知持有人可以向中国人民银行或者向中国人民银行授权的国有独资商业银行的业务机构申请鉴定。

（3）有权鉴定人民币真伪的单位　《条例》第三十三、第三十四条规定：中国人民银行及中国人民银行授权的国有独资商业银行的业务机构有权鉴定人民币真伪。另外，《条例》第三十五条第一款还规定，中国人民银行和中国人民银行授权的国有独资商业银行的业务机构应当无偿提供鉴定人民币真伪的服务。

🎓 **思考与实践**

如何利用收银机做好日常盘点？

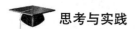

对客的收银服务评价表

序号	测试内容	测评标准	评价结果			
			优	良	合格	不合格
1	询问哪位客人结账	有礼貌地询问哪位客人负责结账。				
2	结账	（1）轻声地向付账的客人说出账目。				
		（2）当着客人点清数额。				
		（3）快速地检验钞票的真伪，达到10秒之内辨别一张第五套人民币纸钞的真假。				

右上角：续表

序号	测试内容	测评标准	评价结果			
			优	良	合格	不合格
3	送账单及账款给收银员	收银员根据账单准确收款及找零。				
4	找零给客人	茶艺师把零钱找回给客人，做到唱收唱付。				

任务 5　茶艺馆收银交班盘点

学习目标

- 能描述收银交班的交接要求。
- 能描述茶品盘点的技术要求。

任务准备

1. 每个学习小组准备 20 张茶桌结账单。
2. 到茶艺馆实体店把茶品、茶点分类，逐一进行盘点。

相关知识

一、模拟销售20张茶桌结账单进行当班营业汇总

（1）模拟销售打印下午茶 20 张茶桌结账收费的单据，当班营业结束后，打印 × 报表，收银机自动生成营业报表，报表内容包括现金汇总、刷银行卡金额汇总、优惠券汇总、当班收银员开钱箱的次数，累计本月营业收入总额，如图 5-6 所示。

（2）根据收银机的 × 报表，茶艺馆收银经理核查当班的营业款项，剔除备用金的金额，在营业报表上签收当班营业款。

交班	班次码	班次	POS	POS名称	收银码	收银员	备用金	上班时间	下班时间	收银分组
X	1	午班	p88	服务器	01	李华丽	500.00	16:42	16:42	三楼

[交班项]	[交班值]
[日　期]	2014-03-26
[班　次]	午班
[上班时间]	16:42
[下班时间]	16:42
[备 用 金]	500.00
[结账情况]	
总单数	单数:1
总人数	2
消费总价	80
折扣金额	
服务费	
应收金额	80
舍入金额	
结单金额	80
实收金额	80
虚收金额	

图 5-6　收银员当班营业 X 报表

二、进行登记收银员上、下班的操作

收银员登录餐饮管理系统后，进行收银交班工作，如图 5-7 所示。

图 5-7　收银员交班

三、收银员交班后要立即进行营业日结工作

（1）收银员上班的标记是"×"，完成交班工作，收银员下班的标记是"√"，如图5-8所示。

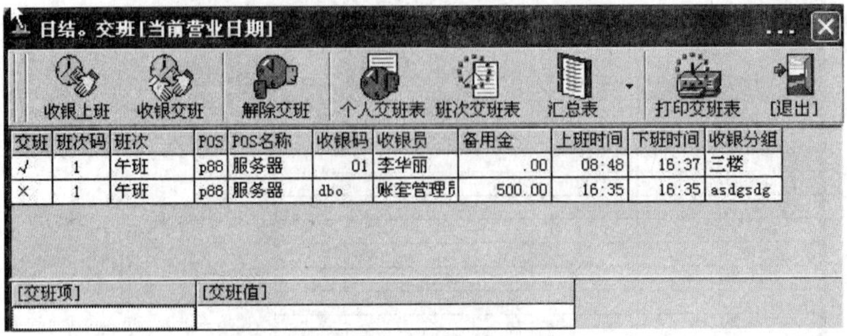

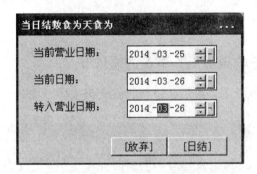

图5-8　收银员交接班状态

（2）收银员交班后立即进行营业日结工作，把营业日期调整为当天的营业日期，以便另一收银员开展营业收款和结账工作，如图5-9所示。

图5-9　转入当天营业日期

四、茶品盘点登记

收银员交班时进行茶品、茶点的盘店登记，双方同时在场，清点茶品，逐一登记，把常用的茶品打印造册，把临时增加的茶品用手写的方法填写在品种项目后面，并记录剩余的数量。所有散茶茶品都要过秤并打包成小包装，以便盘点，方便管理，杜绝偷窃现象。盘点登记表如表5-2所示。

表 5-2　品茗轩茶艺馆茶品茶点登记表

填写人：　　　　　　　　　　　　　　　　　　　　　　　　　核对人：

茶　品	数　量	茶　点	数量/重量
狮峰龙井		乌梅条	
古树生普		鱿鱼丝	
极品普洱		橄榄	
凤凰单丛			
安溪铁观音			
洞庭碧螺春			
八宝茶			

填制日期：　　　　年　　　月　　　日

【体验园】

　　以小组为单位，轮流由组员扮演收银员，模拟店长在营业收银工作，并拍摄每一位收银员进行交班的表现，把所有的视频在课堂上进行播放，让同学们评价视频当中收银员做得好与不足之处，使所有学生都能熟练地开展收银交班，熟知茶艺馆经营的收银交班、茶点盘点各项流程，以及完成相关的工作。

思考与实践

如何利用收银机系统进行月盘点？

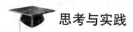

收银员的交班操作评价表

序号	测试内容	测评标准	评价结果			
			优	良	合格	不合格
1	现金交接	收银交班要做好营业额点数工作，要求快捷、准确无误。				
2	核准现金后要登记数额	经两位收银员同时核点营业额后，做好登记工作，并经双方签名确认。				

续表

序号	测试内容	测评标准	评价结果			
			优	良	合格	不合格
3	核点茶品品种	收银员交班时核点茶品的品种，发现短缺时要做好登记，及时通知采购员入货。				
4	核点茶品数量和重量	（1）收银员交班时要核点茶品的数量并进行登记工作。				
		（2）对非独立包装的茶品要求称重量。				
5	核点当班收银机和保险柜的备用金	（1）领取收银员用的钥匙，核点当班收银机的备用金，放入收银机。				
		（2）核点保险柜的备用金、空白的发票本、发票专用章并登记在册。				

项目2 茶艺馆网络营销

情境引入

　　旅商茶社作为茶艺馆日常经营执行机构，欲提升茶艺馆的品牌影响力，扩大茶艺馆的业务范围，计划通过网络营销的方式推动茶文化传播及与茶相关产品的销售。为此，工作人员要求能够熟悉茶艺馆网店的建设和产品数字化包装方法，能有效进行网络营销服务，独立应对网络消费者。

任务1 茶艺馆网络营销基本要求

学习目标

- 能描述网络营销的基本定义。
- 能描述网店建立的基本信息。
- 能描述茶艺馆网店建立的内容和各项工具。

任务准备

1. 准备在线申请或模拟申请网店的基本资料（满 18 周岁的身份证）。
2. 准备个人资料（身份证及个人上半身照）及相关茶产品的图片。
3. 准备好网银账户（没有的需要先去银行开户或者用已有账户开通网银）。

相关知识

一、网络营销的定义

网络营销的定义是指为发现、满足或创造顾客需求，利用互联网（包括移动互联网）所进行的市场开拓、产品创新、定价促销、宣传推广等活动的总称。

简单地说，网络营销就是以互联网为主要手段进行的，为达到一定营销目的的营销活动。

二、网店的定义

随着互联网的快速发展，传统渠道受到很大的冲击，到网上淘宝，成为越来越多人的选择；电商队伍不断壮大；热钱开始蜂拥而入。

网店作为电子商务的一种形式，是一种能够让人们在浏览的同时进行实际购买，并且通过各种在线支付手段进行支付完成交易全过程的网站。

网店大多数都是使用淘宝、易趣、拍拍等大型网络贸易平台完成交易的。

三、网店建立基本流程（图5-10）

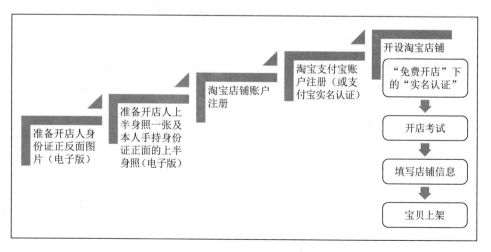

图 5-10　网店建立基本流程

　　淘宝交易平台为个人或企业提供了两种店铺方式——普通店铺和淘宝商城（天猫）。对于个人或小企业经营者来说，刚入驻淘宝以普通店铺为宜，有一定资金基础的企业可以考虑入驻淘宝商城。

　　（1）准备清晰的开店人身份证正反面图片（电子版）。

　　（2）准备清晰的本人上半身照一张及开店人手持身份证正面的上半身照（电子版）。

　　（3）淘宝店铺的建立与基本步骤：

　　第一步：登录 http：//www.taobao.com 淘宝网，单击"免费注册"进行淘宝账户注册，使用手机或邮箱进行认证（图5-11）。

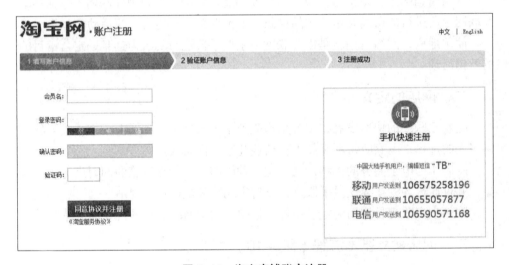

图5-11　淘宝店铺账户注册

　　注：①按要求填写用户名和密码，并发送验证码；

　　　　②输入开店人的手机号码，点击验证；

　　　　③输入收到的短信验证码，进行验证。

　　小提示：淘宝会员注册成功，同时支付宝亦注册成功，本人的淘宝会员名，就是注册时所填写的账户名，你的支付宝账户，就是你的手机号！你支付宝的登录密码和淘宝会员名的登录密码是一样的。亦可以另行到支付宝账户网站单独注册。

　　第二步：登录支付宝账户网站 http：//www.alipay.com，注册支付宝账户（图5-12、图5-13）。

图 5-12　淘宝支付宝账户注册

（或登录支付宝，实名认证）

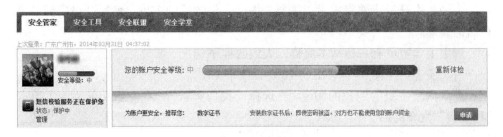

图 5-13　淘宝支付宝账户实名认证

注：①按要求首先填写信息，必须是真实信息；
　　②填写银行账户信息，就是本人开通网银的那个账户（确认后会在1~2天内向您的银行账户打入一小笔金额用作汇款认证）；
　　③上传真实身份认证正反面2张照片，上传手持身份证头部照1张和上半身照1张（2张照片要在同一背景下完成）；
　　④上传完毕后需要等待1~3天完成审核等待，审核通过后进行开店考试。

第三步：开设淘宝店铺。
登录你的淘宝网，并点击"卖家中心"，打开"免费开店"中的"开始认证",进行实名认证。实名认证通过后,即可进入"开店考试"。

1. 开店考试(图 5-14)

图 5-14 淘宝网店开店考试

注:通过考试后,根据本人的个性化设计,填写店铺信息。

2. 宝贝上架的基本步骤

店铺基本开设步骤完成后,需要先提交一定数量的宝贝,然后开设店铺,进行店铺装修。

淘宝上卖宝贝有一套基本流程,大致的程序是:

(1)卖宝贝(图 5-15、图 5-16)

进入淘宝主页的"我的淘宝",选择"我是卖家",在左侧功能栏内,单击"我要卖"发布商品。

图 5-15 卖宝贝

图 5-16　卖宝贝目录

（2）宝贝基本信息

茶叶类产品需填写"食品安全"一栏，内容包括：卫生许可证编号、产品标准号、厂名、厂址、配料表、保质期和净含量等。详细信息还包括品牌、包装方式、茶叶和等级、生长季节、产地、是否有机及条形码等可选内容。

①宝贝标题（图 5-17）

宝贝标题是基本信息最重要的一个环节，标题中是否包含买家经常搜索的关键词，描述销售产品的基本信息等。

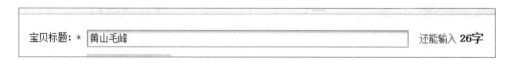

图 5-17　宝贝标题

②一口价（图 5-18）

一口价，即产品的定价。价格一旦确定，商家最好不要随意调整。

图 5-18　一口价

③宝贝数量（图 5-19）

卖家应如实填写产品的库存数量，这将会影响到店铺的信誉。

宝贝数量：* [1] 件 （请如实填写，买家付款后72小时内未发货，根据淘宝规则您可能被投诉和扣分，并赔偿金额给买家）

图 5-19　宝贝数量

④上传图片（图 5-20）

淘宝上的产品可同时上传 5 张图片，卖家可以从不同角度对销售产品进行拍摄，使买家对产品一目了然。

图 5-20　上传图片

⑤商家编码

商家编码可以方便商家管理。

（3）宝贝描述（图 5-21）

宝贝描述是买家点开链接后看到的主要页面，是给买家第一印象的重要窗口，是买家了解产品详细信息的来源，是产品能否成功销售的重要因素。

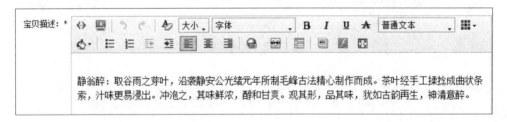

图 5-21　宝贝描述

①选择店铺分类

勾选产品在店铺中的所属类目，即"店铺分类"，根据经营产品的特性或功能的不同设置分类，也要以根据上架的时间分类复选。

②描述模板

产品上架是一个复杂的过程，一家店铺同一类产品一般有统一的模板。淘宝在宝贝描述中提供了"支持源代码编辑"，用网上购买或自己设计的模板代码粘贴到代码编辑模式下进行处理。

③描述内容及构成

宝贝描述中可以增加产品各部位的细节图、质量证书、仓库图片、顾客评价等，这些信息有利于提高顾客对产品的信任度，从而增加买家的购买概率。

（4）运费（图5-22）

为方便上架，卖家可以使用运费模板，设置不同产品在用平邮、快递、EMS等方式的运费，以及数量增加时运费的增加幅度。

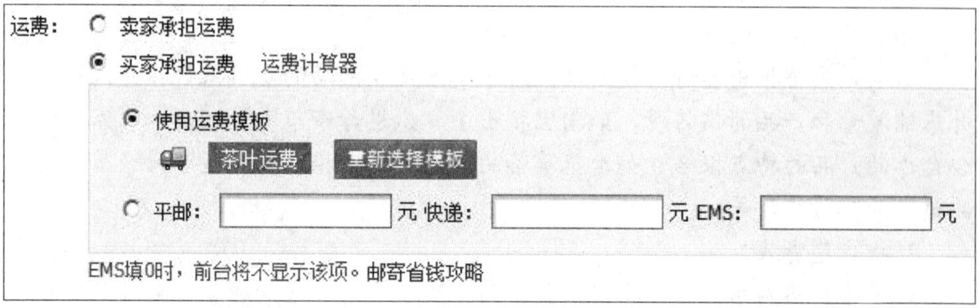

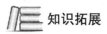

运费： ○ 卖家承担运费

　　　　● 买家承担运费　运费计算器

　　　　　　● 使用运费模板

　　　　　　　　🚚 茶叶运费　重新选择模板

　　　　　　○ 平邮：_____ 元 快递：_____ 元 EMS：_____ 元

EMS填0时，前台将不显示该项。邮寄省钱攻略

图 5-22　运费

注：需要注意的是开店后要发布10件宝贝才算真正完成开店。

【体验园】

以小组为单位，在模拟电子商务平台或以个人为单位在淘宝交易平台，完成网店建立的流程并与同学们分享。

📖 知识拓展

茶艺馆网店营销的方法与途径

1. 淘宝网店促销工具

淘宝网店应充分利用淘宝平台提供的促销工具，来提高店铺的客流量。促销活动的主要目的是通过"薄利多销"来提高店铺的销量和业绩。某一产品的销量上升后，如果处于同类产品的前列，那么买家在搜索的时候，你的产品就会排在前面，增加了买家购买的可能性。

2011年淘宝就已针对商家推出了营销套餐，将"满就送""搭配套餐""限时打折"（秒杀）、"店铺优惠券"四个营销工具打包，商家可以通过套餐订购这些促销工具。营销套餐扶植版只需30元一个季度。

（1）满就送：即买家消费额满一定的定额，就送积分、送礼物；或满就减现金、满就免邮。

（2）搭配套餐：即将几种商品组合设置成套餐来销售，通过促销套餐让买家一次性购买更多商品。

（3）限时打折（秒杀）：即系统帮助卖家设置限时限量的打折活动，买家方便迅速寻找打折商品。

（4）店铺优惠券：即虚拟电子现金券，设置优惠券由买家主动领取，也可通过满就送、会员关系管理来发放优惠券，促进买家再次消费。

（5）参加商家活动

淘宝定期会推出各种主题活动，对于参加促销活动的店铺来说，可以迅速提升店铺流量和产品的销售量。如淘宝推出了"感恩母亲节"的活动，商家可以结合自己的产品的特点报名，如卖花草茶的商家就可以推广一些适合母亲节作为礼品赠送的花草组合等。

2. 推广免费装

为了推广茶网店，可以推出多种活动，如"凡进本店的顾客可免费品尝铁观音样品！"

免费赠茶样的成本较高，而更多的网店是在店铺设置"单泡装茶"专区，买家可以购买各种单泡的小茶样，试饮后，挑选自己喜欢的茶叶再次购买。茶叶属于嗜好品，买家一旦喜欢这个茶叶，第一次购买消费满意后，再次购买的概率极高。

3. 店铺周庆

利用网店的周年庆，推出"买一送一或购满100包邮"等活动，促销力度大，而且能吸引一批老顾客再次购买。

4. 商品绑定

买A送B：如买某一茶叶，送一个茶巾，或买2罐茶叶，出一个罐的钱。

买A，B半价：如买一种茶叶，再买个茶具的话，茶具就半价出售。

买m个，送n个：如买50罐茶叶，送2罐。

买A，加m元送B：如买了个150元的茶叶，加20元送个60元的茶点。

5. 包运费

满m件，包平邮/快递：如三件包江浙沪快递，四件包外省平邮。

满m元，包平邮/快递：如够满58元包平邮，满99元包快递。

6. 特价处理（亏本只为赚信誉而已）

一元特价奉送。

本钱特价奉送。

7. 返还现金

满 m 元，返还 n 元。如满 200，返 30；满 500，返 60。

8. 拍卖

一元拍，公认能为商家带来不少好处。群拍卖跟一元拍效果差不多，不过见效快，几分钟就能看到拍卖结果。参加几次群拍卖，店铺浏览量瞬间从 20 提升到 150，也可认识很多潜在买家。发现了好多潜在顾客，就有可能将其变成实际顾客！

9. 团购

同一宝贝的 n 件一起销售，薄利多销，此举在短时间内增加信誉值非常奏效！（注：3 钻可以开始有"团购"功能，有可能每周 / 每天发放一些。）

10. 会员制度

淘宝自带功能：会员折扣可以在交易中自动打折。比如：累计消费 500 元，为普通会员，享受全部宝贝 9.5 折；累计消费 1000 元，升级为高级会员，享受所有宝贝 8.5 折；累计消费 2000 元，成为终生 VIP 会员，享受 7.5 折优惠！

11. 赠送红包

支付宝的功能：在支付宝账户里冻结一部分钱，作为红包资金送给顾客，是卖家让利给买家的。

收到红包的顾客会有 5 元类似于"抵"券的红包，但是这个 5 元只能在你的店铺里使用，而且也是有期限的。

注：在"其他信息"栏目内，包括会员打折、产品上架交易的开始时间、是否为"秒杀"商品、有效期（循环上架的时间，7 天或 14 天）、橱窗推荐等。

任务 2　茶艺馆网店营销与店铺装修

学习目标

• 明确网店营销中要做最基本的营销工作内容。

• 熟悉网店店铺装修工作。

任务准备

1. 请进行茶艺馆网店需求调查，形成报告。
2. 请写一份网店经营物品说明书。

相关知识

网店营销是指以网络为平台，以开网上店铺为窗口把产品销售给客户。

网店营销不同于传统上实体店销售，它不是简单的营销网络化，必须进行更多的规划，投入更多的营销点，才能从直观产品外观分析到虚拟使用感受生成，吸引客户，巩固客户群，扩大影响力。

一、网店营销中最基本的营销工作

1. 店铺名和会员名

网店名称，需要具有吸引力，新颖独特，抓住网友眼球。

（注：登录进去后，然后进入【卖家中心】，打开【店铺基本设置】即可直接修改；店铺名称可以改的，会员名改不了。）

2. 网店首页

定位店铺风格符合产品特性，设计抢眼，制作精良。

3. 宝贝标题的设置

标题起得好不仅能吸引买家的注意，而且能直接带动网店的流量和交易量，因此卖家们一定要给你的宝贝起个好标题。

标题最重要的文案要素。一个好标题应该包含的内容：商品名称＋商品所属店铺名称＋同一商品的别称＋商品价格＋商品必要的说明＋备注。

4. 宝贝描述

是指商品说明，描述商品的属性。描述时，注重以图片说话，突出优点，突出使用者的优质评价。

5. 定价

商品定价合理与否，影响到购买者对商品的认同感和购买行为实施。定价要参考同类产品价格，设置在以平均价为中点的安全范围。适当可根据营销策略进行高低调整，以达到促销目的。迎合客户心理让其喜欢买，引导客户心理让其乐意买。

6. 物流选择

淘宝开网店初期，可以尝试多找几家快递进行发货，做个对比，综合评估快递公司的各个环节，快递员的服务态度，最后从中选择最优的。淘宝卖家发货有三种方式：普通快递、平邮和EMS。发货要及时。

7. 基本上架与推荐

上架即是将销售的物品（宝贝）上传到网店的页面以便客户浏览、购买。如果是有实物的拍好照片后加上自己店里的水印，以防别人盗用，然后存到淘宝的图片空间里。上架的宝贝要注意好分类。

二、网店店铺装修

对普通网店的店铺来说，装修的内容主要包括：店标、店铺类目、公告栏、店铺介绍、宝贝描述模板等，在这些内容中，店铺类目的装修则是重中之重。店铺装修的要素有：

（1）店名：是网店装修的第一步，取个好的网店名非常重要。对于刚刚开店的人来说，店名是发挥个人才能最大的领域。

起名规则及构思店名常用的要领：

①网店起名尤其要注意"新奇特"，时尚、贴近现代生活。

②店名要简洁易懂，多数简短的2~6个字。

③朗朗上口，不要有生僻字、不容易识别的字。

④店名中直接出现经营类别、产品比较明确。比如李宁专卖、湛江国联水产、优衣库等。如果你的店铺经营产品比较杂，综合性大，那就起一个比较抽象的，如上上屋、宜家家居、台电科技等，这些店铺都是超级大店了。

⑤尽量不要与别人重名或者类似。

（2）店标，是普通店铺的"脸面"，好的店标可以吸引更多客流。

店标不光具有识别作用，也是让顾客简单了解你店铺的小窗口。店标会出现的位置：

①普通店铺首页左上方；

②在"店铺街"上吸引客户的招牌。

注：店标图像格式为JPG或者GIF，推荐使用GIF动画，可以切换多个画面表达更多信息。但尺寸限制在80×80像素，80K以内，因此动画不宜太复杂，应简洁明快、易记忆最好。

（3）店铺类目，就是店铺首页左侧边栏中的商品类别，是对店铺中的商品所进行的分类。店铺类目的装修具有更大的自主性和灵活性，是普通店铺装修的一个最大亮点，可以用下面的法则进行设计：

①用漂亮的栏目图片代替呆板的文字分类；

②在店铺类目中加入其他装饰图片。

（4）公告栏，发布重要信息、最新通知。通常位于普通店铺首页的右上角，店主可以随时发布滚动的文字信息，也可以通过网页代码发布图文配合的公告信息，让公告栏更清晰、美观，并且可以加入动画让效果更醒目。这是宣传推广最新发布的新产品，公告店铺最新促销信息，发布重要通知的好工具。

（5）店铺简介，对店铺做简单的介绍，亦可简单介绍一下想卖的宝贝。

宝店铺介绍虽说并不起眼，却是顾客了解你的淘宝店铺的一个直观的窗口，淘宝店铺介绍可以说是淘宝店铺的另一块招牌，好的淘宝店铺介绍才能吸引顾客，你才有销售商品的机会。

一般而言，店铺简介要告诉买家自己店铺中的商品都是正品；语句用词要尽可能让买家感觉亲切和热情；内容尽量不要太长。

淘宝店铺介绍有以下几种书写方式：

①简洁型的淘宝店铺介绍：

只用一句话或一段话，再加上淘宝平台默认名片式的基本信息和联系方式，简单明了。

②详细型的淘宝店铺介绍：

对于自己淘宝网店的详细介绍，另外，还有购物流程、联系方式、物流方式、售后服务、温馨提示等都写上去。

③优惠活动消息型的淘宝店铺介绍：

将店铺最新的优惠活动发布在淘宝店铺介绍里，这种类型不但能吸引喜欢优惠活动的新买家，如果是时间段优惠更能促使买家下定决心，尽快购买。

④优点展示型的淘宝店铺介绍：

把产品的优势，服务的优势，或者店铺的特点写出来，也可以写些创意的广告语等。

（6）宝贝描述模板，即淘宝店铺在上传宝贝的时候，需要写宝贝描述，有时候，很多宝贝描述内容都非常相似，可以设置一个宝贝描述模板，在上传宝贝的时候，在模板的基础上修改即可，可以减少重复输入，提高效率。

好的宝贝描述，要精心排版布局，便可很好地展示产品，有条不紊地说明宝贝详情、买家须知、邮费等，从而有效促进销售。

【体验园】

以小组为单位，进行网店规划方案，从茶艺馆产品营销的角度与同学们分享方案，优势互补。

网店营销常见的推广方法

为了提升自己店铺的人气，在开店初期，应适当地进行营销推广，但只限于网络上是不够的，要网上网下多种渠道一起推广。

1. IM营销推广

IM又叫即时通信营销（Instant Messaging），是企业通过即时工具IM帮助企业推广产品和品牌的一种手段。说白了就是即时聊天工具的推广，主要是做产品相关群的推广，做精准流量效果还是很好的，当然广告写得要有新意才好。QQ群发、QQ群邮件群发、QQ群共享上传，QQ群论坛发帖、QQ私聊群发、微信朋友圈分享等，把这些利用好肯定会带来很多人气与业务量。

2. 软文推广（可转为口碑营销）

软文，是指由企业的市场策划人员或广告公司的文案人员来负责撰写的"文字广告"。软文推广是指以文字的形式对自己所要营销的产品进行推广，来促进产品的销售。它成本低、公信力强、信息完整，是网店推广效果最持续的一种方法。发到相关论坛去，然后找论坛老账号会员帮你顶贴效果很好，前提是你的文章要够软，多发些相关论坛，可以带来不少流量，对网店口碑宣传也很好。社区发帖回帖要点：

（1）社区的选择

选择校园一类的，适合年轻一代的，比较受欢迎的社区网站发帖，比如：天涯论坛、豆瓣网、华声论坛。

（2）如何发帖

能及时、热情地回复每一张帖子，态度诚恳，认真、负责，对好的建议和意见进行采纳和改进；必要时也可以组员之间相互对自己的帖子进行回复。

（3）在社区论坛、贴吧里，多交朋友，合适的时候向他们推荐我们的网店。

3. 商城活动策略

对于网络商城，在每逢节日，必要的时候可以推出一系列的产品促销让利活动，借助节日的气氛，展开店铺和产品的推广宣传，是非常好的一个机会。

4. 商城店铺本身的推广

借助国内做得好的C2C网站去开店做。比如淘宝、拍拍等。国内做B2C商城的在C2C网站都有自己的官方网店，这样就增加了自己的宣传渠道，也增加了产品的曝光度。C2C网店主要是做网站本身的活动，这样产品曝光度是很好的，秒杀，聚划算等都可以引来不少的客流量。

5. 竞价推广

竞价推广是把企业的产品、服务等通过以关键词的形式在搜索引擎平台上做推广，它是一种按效果付费的新型而成熟的搜索引擎广告。用少量的投入就可以给企业带来大量潜在客户，有效提升企业销售额。竞价排名是一种按效果付费的网络推广方式。企业在购买该项服务后，通过注册一定数量的关键词，其推广信息就会率先出现在网民相应的搜索结果中。

做竞价推广，只要你有好的产品，产品利润可以，做百度竞价还是可以的，适当投入是有必要的。当然做竞价数据分析是很重要的，你要计算转化率、流失率等。不断分析数据，不断调整你的竞价策略，使自己花最少的钱获得最大的收益。

思考与实践

请运用网店的制作知识，为茶艺馆设计"满就送"的网络营销活动。

任务评分资料库

茶艺馆网络促销工具"满就送"评价表

序号	测试内容	测评标准	评价结果			
			优	良	合格	不合格
1	进入淘宝网"我是卖家"项目	（1）正确登录淘宝网。				
		（2）正确选择"我是卖家"项目。				
2	订购"满就送"服务	显示淘宝"满就送"订购成功信息。				
3	进入"满就送"项目	（1）保持登录淘宝平台状态。				
		（2）正确选择"促销管理"项目。				
4	"满就送"项目设置	（1）"活动名称"时效性明显和突出特色。				
		（2）"活动时间"范围准确。				
		（3）"优惠条件"中，金额不易超过宝贝成本。				
		（4）"优惠内容"要切合消费者需求。				
5	完成设置	（1）"预览"提示显示所选优惠内容。				
		（2）"完成设置"提示准确显示优惠内容。				

任务 3 茶艺馆网店营销客户关系管理

学习目标

● 明确网店营销中客户关系管理的管理技巧。
● 将各项工作要领融合到与客人的网上业务交流中。

任务准备

1. 请对茶艺馆网店客户群进行调查与分析。
2. 请准备一个身边进行网店购物的案例，并对卖家和客户的行为进行分析。

相关知识

未来商业模式的发展越来越趋向电子商务，网络营销属于电子商务的一部分，所以将有越来越多的人从事网络营销。网络营销拓宽了企业与顾客的沟通模式，顾客可以通过电子邮件、QQ、微信等形式实现"个人对个人的贵宾级的服务"；通过网站的交互性、顾客参与等方式，在对顾客服务的同时，也增进了与顾客的关系。

一、网店营销中客户关系管理的核心

客户关系管理是把客户作为一种企业资源，侧重于客户与企业联系、接触及其关系的管理。为方便与客户的沟通，客户关系管理可以为客户提供多种交流的渠道。网店营销中客户关系管理的核心就是既要留住老客户，也要大力吸引新客户。

1. 留住老客户的主要方法

第一，为客户提供高质量服务。质量的高低关系到企业利润、成本、销售额。每个企业都在积极寻求用什么样高质量的服务才能留住企业优质客户。因此，为客户提供服务最基本的就是要考虑到客户的感受和期望，从他们对服务和产品的评价转换到服务的质量上。

第二，严把产品质量关。产品质量是企业为客户提供有力保障的关键武器。没有好的质量依托，企业长足发展就是个很遥远的问题。

第三，保证高效快捷的执行力。要想留住客户群体，良好的策略与执行力缺一不可。许多企业虽能为客户提供好的策略，却因缺少执行力而失败。在多数情况下，企业与竞争对手的差别就在于双方的执行能力。如果对手比你做得更好，那么他就会在各方面领先。事实上，要制定有价值的策略，管理者必须同时确认企业是否有足够的条件来执行。以行为导向的企业，策略的实施能力会优于同业，客户也更愿意死心塌地跟随企业一起成长。

2. 吸引新客户的方法

第一，以市场调查为由，收集客户名单。

第二，公司举办一些活动，可以参加抽奖，进而收集相关名单及联系方式。

第三，开发已签单的客户，做好服务，寻求转介绍等，换句话讲，开发客户需要找一个理由，这点很重要。

留住了老客户，吸引了新客户，即合理地管理好自己的客户资源，并以此来拓展客户源，从而达到创新业绩的目的。

二、在日常的网店经营中，完善客户关系的管理方式

（1）在每次交易后（或交易前）与客户交换旺旺 ID，并且建立相关售后服务群体，便于后期服务和新货推广，有利于发展老客户和带动新客户。

（2）建立分组以便有序、高效地进行管理。建立数据项，即要了解客户的"信息项"（如姓名、民族、年龄、性别、购买时间、价位、商品品类、所在城市等），便于以后分类查找。

（3）将数据项放在 Excel 中的首行（加入编号，以后方便管理），然后将客户信息逐行加入，不断累积。

（4）分析客户行为，如购买（下单）时间和之前与客户的接触，分析出客户的上网时间段，以便于最快速、最精准地对他们进行服务。

（5）在每个节日、生日、购买纪念日等作一个极具针对性的宣传项目，以贺卡形式发给客户（尽量在客户在线时传送，邮件方式会令人反感），或赠送定制的优惠方案。

（6）根据客户资料分析结果，在特定时间与客户沟通，询问有关产品使用情况（让他时时刻刻有一种 VIP 的感觉），为顾客的家庭成员着想推介特定信息。

（7）学会投其所好，撰写顾客感兴趣但又具有广告性质的文章，发给顾客。

（8）根据多种情况（气候、季节、年龄、性别等）设想顾客提出购买要求，并调整产品的结构和宣传。

（9）帮客户解决问题（如理财方法，心理咨询等产品的赠送），邀请客户表达对网店经营中的问题，以优惠作为回报，让他有种自我实现感，加强对网店的信赖。

（10）建立一套合理的积分制，让客户在积分中积累感情，更依赖本店的产品。

【体验园】

分两个小组进行接待客户演练，在练习过程中认识网店工作环境下接待客户的工作基本流程，并掌握沟通及处理问题的工作方法。

序号	步骤	操作方法与说明	服务标准
1	开头语以及问候语	问候语："您好，欢迎光临××店，我是客服代表××，很高兴为您服务，请问有什么可以帮助您的？"	（1）用词准确，表达完整。 （2）可以使用表情符号，但不能有误。
2	回应客户	客户问候客服代表"小姐（先生），您好"时，客服代表应礼貌回应："您好，请问有什么可以帮助您的？"或"某先生／小姐，请问有什么可以帮助您的？"	（1）尊称客户，保持礼貌。 （2）可以使用表情符号，但不能有误。
3	了解事件	让客户完整地书写，需要提示时，要说"请问我能不能了解一下，是什么时候，买哪个型号的产品，现在出现什么状况，您能一一告诉我吗？"	（1）不能打断对方表述。 （2）有必要提醒客户时，必先征得对方同意。
4	安抚客户情绪，处理问题	客服代表："对不起，先生／小姐，由于我们服务不周给您添麻烦了，我们会尽快核实处理，给您带来的不便请您原谅！"	（1）平稳客户情绪的同时，及时核实买卖数据，做出处理意见。 （2）若无法处理，应马上报告业务主管。
5	确认处理效果	向客户解释完毕后，应向客户确认是否明了，客服代表："请问我刚才的解释您是否明白／是否清楚？"	若客户不能完全明白，应将客户不明白的地方重新解释，直到客户明白为止。
6	感谢或赞扬客户	客服代表："谢谢您，您提出的宝贵建议，我们将及时反馈给公司相关负责人员，再次感谢您对我们工作的关心和支持。"	用词不能随意或太生活化。
7	结束语	客服代表："谢谢您的合作，欢迎下次再到我们小店，再见！"	（1）用词真诚，表达完整。 （2）可以使用表情符号，但不能有误。

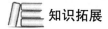 **知识拓展**

网店客服

也许今天的你刚刚踏入淘宝店主的行列，正在学习如何经营好一个网店，也许今天的你已经经过了一段时间的奋斗，将网店经营得非常好，希望用团队的模式来发展。客服都是其中非常重要的一个环节，以下探讨这个关于网店客服的话题。

一、网店客户服务的意义

1. 塑造店铺形象：消除距离和怀疑。

2. 提高成交率：打消顾虑、及时回复。

3. 提高买家回头率：有特色的服务让客户印象深刻。

二、网店客户服务常用工具

网店客户服务常用工具有客服淘淘和客服宝宝。

1. 客服淘淘回答客户都是用：嗯、好、行、知道了。

2. 客服宝宝除了用：请稍等噢、非常感谢您的理解，而且还会根据不同情况使用一些表情。

三、客服可以引导客户快乐购物

1. 客服基本要求：熟悉电脑，快速录入

客服一般不需要太高深的电脑技能，但是需要对电脑有基本的认识，包括熟悉 Windos 系统；会使用 Word 和 Excel；会发送电子邮件；会管理电子文件；熟悉上网搜索和找到需要的资料。录入方式至少应该熟练掌握一种输入法，打字速度快，能够盲打输入。反应灵敏，能同时和多人聊天，对客户有耐心。

2. 客服应具备的内涵（自身素质）

（1）诚信。

（2）耐心。

（3）细心。

（4）亲和力。

（5）同理心（换位思考）。

（6）自控力。

3. 客服须外修的素养（后天学习）

（1）文字表达能力。

（2）沟通交流能力：让沟通的魅力贯穿客服活动，礼貌先行，保证利润，满足客户，交易不成，友谊长存。

（3）资料收集能力。

（4）思考总结能力。

（5）适应变化能力。

4. 客服需要具备的知识

（1）关于商品的知识：

① 商品的专业知识。积极接待每一位顾客，对答如流，像专业考核一样，

不容半点专业性误差（客户觉得你专业，专业的卖家才让人信服，有时候聊得久了，你说得又有道理，哪怕你的价格比别人高一点，顾客也会选择在你这里购买的）。

② 商品周边知识。包括流行趋向，生活需求点，使用功能，市面质量了解，寻找自身竞争优势。

③ 顾客质疑点（往往是最能激发购买欲的点）。不想买的客户也要积极挽留，客户觉得自己受到重视，有种满足感，有时因为你的盛意拳拳，客户也会不好意思拒绝而回头。

（2）网站交易规则：

① 淘宝的交易规则。

② 支付宝的流程和规则。

（3）付款及物流知识：

① 付款方式：支付宝、银行转账、货到付款等方法。

② 选择物流：平邮、EMS、E邮宝、快递等。

（4）纠纷的处理技巧：

① 快速反应。

② 热情接待。

③ 认真倾听。

④ 安抚和解释。

⑤ 诚恳道歉。

⑥ 提出补救措施。

⑦ 通知顾客并及时跟进。

做好售后回访。很多卖家容易忽略这点，成交一次就忘记了顾客的姓名和许多资料，浪费了最宝贵的资源。可这点至关重要，是争取二次、三次销售的关键。每当有节日的时候都给客户发去问候和祝福，这很简单，淘宝里都有记录的，让客户觉得你还记得他。这样也让他更加记住你。以后他或他的朋友再有需要，你肯定是他的第一选择，而且特别爽快。商道即人道也！

 思考与实践

客户通过网络平台对产品进行投诉，客服应如何处理与跟进？

任务评分资料库

网络客户关系管理评价表

序号	测试内容	测评标准	评价结果			
			优	良	合格	不合格
1	进入阿里软件网店版	（1）正确登录淘宝网。				
		（2）正确选择"网店版首页"项目。				
2	进入"我的客户"设置	（1）展开"我的客户"菜单。				
		（2）展开"客户管理"菜单。				
3	了解"忠实客户"	（1）展开"忠实客户"栏目。				
		（2）给忠实客户发送促销成功提示。				
4	使用"客户关怀"设置	（1）展开"客户关怀"栏目。				
		（2）"状态"栏显示"已启用"。				
		（3）"想要说的话"栏目中显示"谢谢您购买本小店的产品"。				
5	设置买家级别	（1）正确进入"买家级别设置"项目。				
		（2）VIP会员设置："交易额满足点"≥150元，交易量满足点：3。				
		（3）高级会员设置："交易额满足点"≥2500元。交易量满足点：25。				

模块小结

通过本模块的学习，能理解茶艺馆实体店日常经营网店经营的内涵，主动推销茶品，与客人进行茶文化交流、沟通，提供完整的茶事服务，注重卫生控制，并能做到迅速、准确地结账，每天进行收银交班和做好常规化的盘点工作；网店营销主要是从技能的角度，阐述网店营销的特点、网店建立的基本工作以及网店营销过程中客户的沟通工作要点，并以营销的视角进行网店基本装修；宝贝（产品）数字化包装更新与上传；制订网店营销计划，根据网店业务的常规，建立相关售后服务群体，并掌握产品的宣传、客户答疑基本方法。

综合实操训练

母亲节，为了感恩母亲，旅商茶艺馆准备进行一系列营销活动，包括实体店的茶文化展播、经营促销活动。网店经营小组接到任务，配合实体店的活动，在网店同步进行推广，利用网店的优势，吸引了越来越多的消费者，创造更高的收益。

母亲节茶艺馆网店营销

一、实操要求

（1）通过制订网店营销策划方案，理解网店营销的基本工作与核心理念。

（2）通过网店营销方案的实施，从营销的视角了解网店装修的要点，掌握产品数字化包装的方法，熟练应用网店营销的技术与技巧进行产品的推广；在业务过程中，熟悉与客户沟通的基本方法，提升客服能力。

二、实操准备

（1）淘宝电子商务平台，淘宝网店账号。

（2）主营商品：茶品、茶具、茶事服务业务等。

（3）多媒体网络教室，包括投影仪、摄像机、相机、灯具等。

三、实操方法

小组讨论、小组演示、教师演示。

四、实操组织

（1）组织学习小组。将学生分为5人一组，一人担任组长，各组员分工完成以下报告表。在此模块中，组内学生进行交流与合作。

小组分工表

活动时间：	
组长：	组内成员：
资料收集方式：	
任务分工情况：	
报告内容：	

报告小组：

（2）提供多媒体教室用于课程的资料收集。

（3）课前准备中，教师必须指导学生准备好网店建设工作；准备评价标准，向学生讲解评分重点；准备实训设备，如主营商品、多媒体设备等。

（4）课内组织学生讨论网店营销的工作流程；引导学生根据具体要求讲述主

题，引导学生根据主题，选择合乎要求的方案；向学生讲解实训操作的流程与要注意的问题，如技术标准、服务要求等。

五、实操过程

序号	实训项目	问题思考	完成情况记录	时间
1	选择主营商品	哪种商品符合促销主题（"母亲节"）？众多商品中，哪个作为主打？		15分钟
2	制定网店营销方案	方案的可行性，有效的团队合作。		75分钟
3	网店营销前准备工作	如何让网店最大化地进入消费者视线？如何高质量地对宝贝（商品）进行数字化包装？		90分钟
4	实施网店营销	网店页面、主打的宝贝（商品）如何吸引人？		45分钟
5	小组角色互换网购	如何与客户或潜在的客户沟通？		30分钟
6	评价与交流	如何使网店营销的工作流程合理、有效？		15分钟

六、实训小结

通过本次实训，我学到了：

_____

_____

_____

七、实操评价

网店营销评分表

序号	项目	要求与标准	评价结果			
			优	良	合格	不合格
1	网店营销策划书	格式规范，主题突出，内容清楚，表述清晰，宣传手法有新意。				
2	宝贝（商品）数字化包装	真实完整、画面精美。				
3	网店装修	设计新颖，有大小合理的静态与动态图，页面浏览速度快，布局易于展示商品、有利于引导消费。				
4	网店客服	文字表达标准，善于利用图片表情，能把握客户情绪与消费心理，能对客户的提问给出合理的回应及解答。				

附　录

茶艺英语　English for tea art

一、茶类常用术语

头春茶 early spring tea, first season tea

头泡茶 first infusion of tea

茶末 tea dust

粉末茶 tea powder

煎茶 fried tea

芽茶 but-tea

新茶 fresh tea

砖茶 brick tea

毛茶 crudely tea

散茶 loose tea

碎茶 broken tea

香片 perfumed tea

茶片 tea siftings

花茶 scented（jasmine）tea

茶叶梗 tea stale, tea stem

淡茶 weak tea

浓茶 strong tea

茶园 tea garden

茶馆 tea house

茶几 tea table

减肥茶 diet（slimming）tea

保健茶 tonic tea

美容茶 cosmetic tea

人参茶 ginseng tea

姜茶 ginger tea

速溶茶 instant tea

茶叶蛋 salty eggs cooked in tea

擂茶 mashed tea

盖碗茶 tea served in a set of cups

茶叶表演 tea-serving performance

早茶 morning tea

茶锈 tea stain

茶底 tea dregs

茶渣 tea grounds

茶香 tea aroma

二、制茶常用术语

1. 茶树 tea bush
2. 采青 tea harvesting
3. 茶青 tea leaves
4. 萎凋 withering

　　日光萎凋 sun withering

　　室内萎凋 indoor withering

　　静置 etting

　　搅拌（浪青）tossing

5. 发酵 fermentation

6. 氧化 oxidation

7. 杀青 fixation   蒸青 steaming

  炒青 stir fixation   烘青 baking

  晒青 sunning

8. 揉捻 rolling   轻揉 light rolling

  重揉 heavy rolling   布揉 cloth rolling

9. 干燥 drying   炒干 pan firing

  烘干 baking   晒干 sunning

三、茶叶分类相关术语

根据制造时发酵、揉捻焙火与采摘时原料成熟度来分类：

有不发酵茶，即绿茶 non-fermented；后发酵茶，即普洱茶 post-fermented；部分发酵茶，半发酵茶，即乌龙茶（铁观音）partially fermented；全发酵茶，即红茶 complete fermentation。

（1）绿茶分类术语

蒸青绿茶 steamed green tea   粉末绿茶 powered green tea

银针绿茶 silver needle green tea   原形绿茶 lightly rubbed green tea

松卷绿茶 curled green tea   剑片绿茶 sword shaped green tea

条形绿茶 twisted green tea   圆珠绿茶 pearled green tea

（2）普洱茶分类术语

陈放普洱 age-puer   渥堆普洱 pile-fermented puer

（3）乌龙茶分类术语

白茶乌龙 white oolong   条形乌龙 twisted oolong

球形乌龙 pelleted oolong   熟火乌龙 roasted oolong

白毫乌龙 white tipped oolong

（4）红茶分类术语

工夫红茶 unshredded black tea   碎形红茶 shredded black tea

（5）熏花茶分类术语

熏花绿茶 scented green tea   熏花普洱 scented puer tea

熏花乌龙 scented oolong tea   熏花红茶 scented black tea

熏花茉莉 jasmine scented green tea

四、外形常用术语

显毫 tippy   茸毛含量特别多。

锋苗 tip   芽叶细嫩，紧卷而有尖峰。

身骨 body	茶身轻重。
重实 heavy body	身骨重,茶在手中有沉重感。
轻飘 light	身骨轻,茶在手中分量很轻。
匀整 evenly	比例适当,无脱档现象。
脱档 unsymmetry	三段茶比例不当。
匀净 neat	匀整。
挺直 straight	光滑匀齐,不曲不弯。
弯曲 bend	不直,呈钩状或弓状。
平伏 flat and even	茶叶在盘中相互紧贴,无松起架空现象。
紧结 tightly	卷紧而结实。
紧直 tight and straight	卷紧而圆直。
紧实 tight and heavy	松紧适中,身骨较重实。
肥壮 fat and bold	芽叶肥嫩身骨重。
壮实 sturdy	尚肥嫩,身骨较重实。
粗实 coarse and bold	嫩度较差,形粗大而尚重实。
粗松 coarse and loose	嫩度差,形状粗大而松散。
松条 loose	卷紧度较差。
松扁 loose and flat	不紧而呈平扁状。
扁块 flat and round	结成扁圆形或不规则圆形带扁的块。
圆浑 roundy	条索圆而紧结。
圆直 roundy and straight	条索圆浑而挺直。
扁条 flaty	条形扁,欠圆浑。
短钝 short and blunt	茶条折断,无峰苗。
短碎 short and broken	面张条短,下段茶多,欠匀整。
松碎 loose and broken	条松而短碎。
下脚重 heavy lower parts	下段中最小的筛号茶过多。
爆点 blister	干茶上的凸起泡点。
破口 chop	折、切断口痕迹显露。

五、汤色常用术语

清澈 clear	清净、透明、光亮、无沉淀物。
鲜艳 fresh brilliant	鲜明艳丽,清澈明亮。
鲜明 fresh bright	新鲜明亮。
深 deep	茶汤颜色深。

浅 light colour 　　　　　　茶汤色浅似水。

明亮 bright 　　　　　　茶汤清净透明。

暗 dull 　　　　　　不透亮。

混浊 suspension 　　　　　　茶汤中有大量悬浮物，透明度差。

沉淀物 precipitate 　　　　　　茶汤中沉于碗底的物质。

六、香气常用术语

高香 high aroma 　　　　　　茶香高而持久。

纯正 pure and normal 　　　　　　茶香不高不低，纯净正常。

平正 normal 　　　　　　较低，但无异杂气。

低 low 　　　　　　低微，但无粗气。

钝浊 stunt 　　　　　　滞钝不爽。

闷气 sulks odour 　　　　　　沉闷不爽。

粗气 harsh odour 　　　　　　粗老叶的气息。

青臭气 green odour 　　　　　　带有青草或青叶气息。

高火 high-fired 　　　　　　微带烤黄的锅巴或焦糖香气。

老火 over-fired 　　　　　　火气程度重于高火。

陈气 stale odour 　　　　　　茶叶陈化的气息。

劣异气 gone-off and tainted odour 　　　　　　烟、焦、酸、馊、霉等。

七、滋味常用术语

回甘 sweet after taste 　　　　　　回味较佳，略有甜感。

浓厚 heavy and thick 　　　　　　茶汤味厚，刺激性强。

醇厚 mellow and thick 　　　　　　爽适甘厚，有刺激性。

浓醇 heavy and mellow 　　　　　　浓爽适口，回味甘醇。

醇正 mellow and normal 　　　　　　清爽正常，略带甜。

醇和 mellow 　　　　　　醇而平和，带甜。

平和 neutral 　　　　　　茶味正常、刺激性弱。

淡薄 plain and thin 　　　　　　入口稍有茶味，以后就淡而无味。

涩 astringency 　　　　　　茶汤入口后，有麻嘴厚舌的感觉。

粗 harsh 　　　　　　粗糙滞钝。

青涩 green and astringency 　　　　　　涩而带有生青味。

苦 bitter 　　　　　　入口即有苦味，后味更苦。

熟味 ripe taste 　　　　　　茶汤入口不爽，带有蒸熟或闷
　　　　　　　　　　　　　　　　　熟味。

高火味 high-fire taste 　　　　　　高火气的茶叶

老火味 over-fired taste

近似带焦的味感。

陈味 stale taste

陈变的滋味。

劣异味 gone-off and tainted taste

使用时应指明属何种异味。

八、茶具类常用术语

茶具 tea set

茶杯 tea cup

茶盘 tea tray

茶碟 tea saucer

茶壶 tea pot

茶缸 tea container

紫砂茶壶 ceramic tea pot

茶叶罐 tea caddy

茶杯垫 coaster

茶壶套 tea cosy

滤茶器 tea strainer

茶匙 teaspoon

九、泡茶程序术语

备具 perpare tea ware

从静态到动态 from still to ready position

备水 prepare water

温壶 warm pot

备茶 prepare tea

识茶 recognize tea

赏茶 appreciate tea

温盅 warm pitcher

置茶 put in tea

闻香 smell fragrance

第一道茶 first infusion

计时 set timer

烫杯 warm cups

倒茶 pour tea

备杯 prepare cups

分茶 divide tea

端杯奉茶 serve tea by cups

冲第二道茶 second infusion

持盅奉茶 serve tea by pitcher

供应茶点或品泉 supply snacks or water

去渣 take out brewed leaves

赏叶底 appreciate leaves

涮壶 rinse pot

归位 return to seat

清盅 rinse pitcher

收杯 collect cups

结束 conclude

十、茶销售服务常用术语

（1）欢迎光临我们的茶叶店。

Welcome to our tea house.

（2）我能为你做些什么？

What can I do for you?

（3）请坐下品尝一杯我们的茶。

Please sit down and have a cup of tea.

（4）这是绿 / 花茶。

This is green/flower tea.

（5）您更偏爱哪种口味的茶呢，绿茶还是茉莉花茶？

What's the kind of tea do you prefer,green tea or jasmine tea?

（6）我们还有铁观音和普洱茶。

We also have iron buddha and Puer tea.

（7）您喜欢茶具吗？我们有宜兴紫砂和景德镇陶瓷。

Would you like tea-set？We have zisha in yixing and china in jingde town.

（8）每日饮茶非常有利于你的健康。

Drinking tea everyday is very healthy for your health.

（9）绿茶有利长寿。

Green tea is conducive to longevity.

（10）这是一种芽尖茶。它的口感极佳，请品饮试试。

This type of tea is made of the bud of tea trees.It tastes very good,please have a try.

（11）这是四川 / 浙江 / 云南最有名的茶。

It's the most famous tea of Sichuan/Zhejiang/Yunnan.

（12）我们可以给您 8/9 折。

We have 20% /10% discount.

（13）请这边付款。

Please check out here.

（14）这是找您的零钱。

This is your change.

（15）谢谢光临，欢迎再来。

Thank you, welcome to visit again.

参考文献

[1] 王迎新 . 吃茶一水间 [M] . 济南：山东画报出版社，2013.

[2] 乔木森 . 茶席设计 [M] . 上海：上海文化出版社，2010.

[3] 静清和 . 茶席窥美 [M] . 北京：九州出版社，2015.

[4] 余悦 . 中华茶艺（下）——茶席设计与茶艺编创 [M] . 北京：中央广播电视大学出版社，2015.

[5] 周新华 . 茶席设计 [M] . 杭州：浙江大学出版社，2016.

[6] 姚国坤 . 茶文化概论 [M] . 杭州：浙江摄影出版社，2014.

[7] 朱世英，王镇恒，詹罗九 . 中国茶文化大辞典 [M] . 上海：汉语大词典出版社，2002.

[8] 杨晓鸣，说古论今茶文化 [M] . 杭州：浙江大学出版社，2000.

[9] 舒玉杰 . 中国茶文化今古大观 [M] . 北京：北京出版社，1996.

[10] 高旭辉，刘桂华 . 茶文化学概论 [M] . 合肥：安徽美术出版社，2003.

[11] 赖功欧 . 茶哲睿智——中国茶文化与儒释道 [M] . 北京：光明日报出版社，1999.

[12] 姚树军，李洪彦 . 开家茶艺馆 [M] . 北京：中国宇航出版社，2004.

[13] 中国就业培训技术指导中心，劳动和社会保障部 . 茶艺师——基础知识 [M] . 北京：中国劳动社会保障出版社，2004.

[14] 中国就业培训技术指导中心，劳动和社会保障部 . 茶艺师——初级技能 中级技能 高级技能 [M] . 北京：中国劳动社会保障出版社，2004.

[15] 单慧芳，何山 . 茶艺与服务 [M] . 北京：中国铁道出版社，2009.

[16] 张星海，方芳 . 绿茶加工与审评检验 [M] . 北京：化学工业出版社，2015.

[17] 张星海，何仁聘 . 红茶加工与审评检验 [M] . 北京：化学工业出版社，2015.

[18] 丁辛军，张莉 . 中国茶典藏 [M] . 南京：译林出版社，2013.

[19] 陈龙 . 黑茶品鉴 [M] . 北京：电子工业出版社，2015.

[20] 秦梦华 . 第一次品白茶就上手 [M] . 北京：旅游教育出版社 .2015.

［21］姚国坤．图说中国茶文化上册、下册［M］．杭州：浙江古籍出版社，2014.

［22］林治．中国茶道［M］．世界图书出版西安公司，2010.

［23］艾敏．中国茶艺：汉英对照［M］．北京：时代出版传媒股份有限公司，2013.

［24］王广智．鉴赏中国茶（中英文限量版）［M］．北京：科学出版社，2012.

［25］Warren Peltier. The Ancient art of tea［M］. Tokyo：Tuttle Publishing，2011.